KNOWLEDGE
MACHINES
INTERACTION
WHAT HAPPENED BETWEEN WORLD 3 AND WORLD 1?

知识—机器互动

在世界3与世界1
之间

王克迪 著

人民出版社

目　录

知识、机器与互动概念

知识与机器的问题，初看起来属于形上、形下之分，并无关联。古人云，形而上者谓之道，形而下者谓之器。长期以来，人们习惯于把知识看作与脑力活动有关，是器物的反映物；而把机器当作器物层面的事物，是知识的对立面。

本书主要研究知识与机器相互作用的有关问题。这个问题起源于对我们所处的这个时代特征性技术成就——计算机原理与应用的观察，并由此延伸到计算机出现以前及以后的一些涉及知识与机器问题的方面。

是的，这个问题首先使人联想起人工智能问题。现代计算机的出现使人工智能研究广受关注，并且数度成为显学。人工智能由于高度依赖人们编写的计算机程序这种特殊形式的知识，以及精密运行的计算机和智能机器，因而是知识与机器互动研究最合适的课题。然而，本书的范围将超出于此，由人工智能推广到一般意义上的知识与机器的互动。

知识与机器互动研究所涉及的对象包括几乎所有的与知识和机器有关的领域，这就是我们首先对本书的兴趣划出的范围。

本书将涉及一定的技术内容，但更多地是在概念和哲学层面上展开讨论。

本书研究的主要目标，始于下述命题：

知识是客观的。

这一命题由哲学家卡尔·波普尔论证过。本书第一章将回顾波普尔的论证，从中甄别出适用于当前信息时代的内容；第二、三章通过将波普尔的三个世界理论进行适当的改造，使他的三个世界之间的相互关系成为一种可以相互作用的互动关系，使得哲学理论能够更好地适应当下以电子计算机为代表的智能机器广泛运用这一新情况；第四章以上述章节中的讨论为基础，结合图灵机器运行机制，尝试建立起实践导向的知识—机器互动理论。最后，本书试图给出一些这一互动理论的应用。

本书研究的基本结论是，通过有关哲学理论的讨论和改造、对计算机等智能机器系统的考察，确认这样的智能机器可以在器物层面实现上述概念和理论层面分析讨论形成的结论，即，

机器，至少某些特殊的机器，是可以与某些特定形态的知识相互作用的。这种相互作用，是当前和未来社会的运行基础，是我们理解当前和未来时代的关键。

以下引入本书的三个核心概念，即知识、机器与互动。

知识

定义知识有困难。有许多定义，似乎又都不能够令人满意，说明人们对它的理解有很大差异。在网上搜索，维基百科和百度百科分别给出解释。

维基百科：

"知识是对某个主题确信的认识，并且这些认识拥有潜在的能力为特定目的而使用。意指透过经验或联想，而能够熟悉进而了解某件事情；这种事实或状态就称为知识，其包括认识或了解某种科学、艺术或技巧。此外，亦指透过研究、调查、观察或经验而获得的一整套知识或一系列资讯。"[①]

百度百科：

"把识别万物实体与性质的是与不是，定义为知识。

"知识：经验的固化。

"知识是人们在实践中获得的认识和经验。"[②]

这样的定义过于笼统，除了展示了哲学的高度概括能力外，不具有能够展开解析其含义并加以运用的价值。令人更加遗憾的是，公认权威的《大不列颠百科全书》居然没有"知识"这个词条。

回到维基百科，在有关知识的"其他的定义"中，我们看到：

"知识是与经验、上下文（context）、解释和思考（reflection）结合在一起的信息。它是一种可以随时帮助人们决策与行动的高价值信

---

① http://zh.wikipedia.org/wiki/%E7%9F%A5%E8%AF%86.

② http://baike.baidu.com/view/8497.htm.

息。"——T. Davenport et al., 1998

"显式的或者已编码的（codified）知识是指一种用正式、系统化的语言传输的知识；另一方面隐性知识拥有个人化的特征，这使得隐性知识很难被正规化和通讯。"——I. Nonaka, 1994

"知识是结构化的经验、价值、相关信息和专家洞察力的融合，提供了评价和产生新的经验和信息的框架。"①

事实上，到 20 世纪末，人们关于知识的理解并且给出的定义，已经较之以前世代发生较大变化。在上面列举的理解和定义的知识中，已经开始与"信息"和"编码"相联系，这非常引人注目，也非常适合本书的应用。其中，野中郁次郎（Nonaka）关于知识的定义强调了知识的形态特征：已经编码的（codified）和可以 / 不可以"传输"。

在本书理解范围内，有关知识的界定，相对较少关注知识的内容和分类性质，而较多关注知识的形式特性，即，编码的和传输的特性。

知识的编码特性，一般理解，系指知识需要采用某种表意符号加以表达，如文字、数字等。这种表意不仅仅是视觉可见的，也可以是其他多种形式，如声音、电磁信号甚至某些（肢体）运动形态等。在当前，编码特性，更多地指知识或信息可以采用二进制数字编码。

知识的传输特性，原指知识可以由一个主体输送到另一个主体中，这一输送过程是自觉行为。传统上，伴随着这一过程，有接受主体的"理解"。

---

① http://baike. baidu. com/view/8497. htm.

　　此外，知识与信息的密切联系，也是本书默认的。本书还特别需要确认，能够处理一般意义上信息的计算系统，也同样能够处理知识。有关信息与知识的共同之处，将会有所论述。

　　以上述基本理解为基础，本书将尽可能地深入全面讨论卡尔·波普尔的知识概念、其在三个世界理论中的地位和作用，以及针对计算机器广泛运用的情况所需要作出的改进，使之适用于讨论知识与机器的相互作用。

机器

　　本书使用"机器"一词，较远离其原意"机械"，而更近于"计算机"，实则为"计算机器"之简称。在当代条件下，"计算机器"更精确的表述，似乎应该是"高性能电子数字计算机"，当然，是"采用动态存储程序结构，即冯·诺伊曼结构的通用计算机"。在本书中，"机器"除了意指冯·诺伊曼计算机，也可能指图灵机。图灵机与冯·诺伊曼机的根本区别在于，前者在设计架构上并不具备动态存储系统，不能实时处理计算程序，因而不是实际可用的计算机。然而，在基本原理上，二者并无根本区别。本书着重考虑知识与机器之间的互动关系，仅限于在哲学理论层面和概念层面进行讨论，这样的机器，原则上可以是图灵机。当然在实用上，则只可能是冯·诺伊曼机。本书同意，图灵机作为一般意义上的智能机的原型机，是可以接受的。但是，它实际上能够发挥的作用，不只局限于智能机器的范围。一切知识与机器相互作用的现象，都可以还原为图灵机中所发生的情形。

本书在实践篇将对图灵机作出进一步讨论，并对图灵机在知识与机器的相互作用过程中起到的作用作出分析。

互动

"互动"是"相互动作"、"相互作用"的简称，也许用"相互作用"更准确一些。

所谓"作用"，即由一物或一个个体施加于另一个的影响，表达的是一种单向关系；而"相互作用"则表达两个物体或个体之间的双向的作用或影响关系。当然，这种双向的互动关系还可以推及更多物体的情况，那是更加复杂得多的情形。

还可以再作区分的是，"相互作用"似乎默认了某种双向影响的即时性或同时性，一种作用产生的同时，另一种反向作用也即刻出现。这令我们马上想起著名的牛顿力学第三定律。尽管在许多教科书中反复强调，"作用与反作用"关系，不等同于相互作用关系，因为前者有个因果关系蕴涵其中（例如，推动物体移动，物体对施力者的抗拒和阻碍作用），而后者的相互影响却是互为因果的（如无处不在的万有引力）。

本书倾向于接受《中国大百科全书·哲学II》中对"相互作用"作出的讨论和规定：

"相互作用：表征事物或现象之间辩证联系的普遍形式的哲学范畴。在现代科学中，相互作用是指控制系统的反馈过程以及物质系统中发生的物质、能量、信息的交换和传递过程。"

该定义提到了"相互作用"在现代科学中的含义。然而，同属《中国大百科全书》的"物理学卷"却没有设这一条目。

维基百科（英文版）中的释义：

"相互作用是发生于两个或多个物体之间的由此及彼的效应。一种双向的效应在相互作用概念中是基本观念，它是相对于单向的因果效应而言的。与之密切相关的概念是'互联性'（interconnectivity），它涉及系统内相互作用：许多简单的相互作用的混合会导致令人惊异的涌现（emergent）现象。在不同的学科中，相互作用有着不同的特定含义，所有的系统都是相关的、相互依存的，每一个行动都有一种结果。"①

维基百科正确指出不同学科对"相互作用"（互动）的理解有所不同。本书运用这一概念时，高度关注"互连性"含义，尤其是，简单的相互作用的混合会导致令人惊异的涌现现象——令人瞩目的某种产出。

①　http://en. wikipedia. org/wiki/Interaction.

7

第一章

三个世界理论

本章拟对波普尔的三个世界理论问题作出尽可能全面的综述，并将指明，三个世界理论在信息时代将有可能通过适当的修正而复活，成为人们认识这个新时代的哲学理论。

第一节　三个世界及其特性

三个世界的界定

波普尔先后多次界定过他的三个世界[①]，每次表述的实质相近，但

[①] 波普尔对于这里使用的"世界"概念作过特别解释："在这里'世界'一词显然不是指宇宙（universe or cosmos），而只是它的一个部分。"见 Karl Popper, "Knowledge

行文有所差异，特别是关于世界 3 的表述。

在《没有认识主体的认识论》一文中，波普尔说：

"如果不过分认真地考虑'世界'或'宇宙'一词，我们就可以区分下列三个世界或宇宙：第一，物理客体或物理状态的世界；第二，意识状态或精神状态的世界，或关于活动的行为意向的世界；第三，思想的客观内容的世界，尤其是科学思想、诗的思想以及艺术作品的世界。"①

在《关于客观精神的理论》一文中，波普尔提出，世界至少包括三个在本体论上泾渭分明的亚世界：

第一世界：物理世界或物理状态的世界；

第二世界：精神世界或精神状态的世界；

第三世界：概念东西的世界，即客观意义上的观念的世界——它是可能的思想客体的世界：自在的理论及其逻辑关系、自在的论据、自在的问题境况等的世界。②

波普尔的世界 1 与人们的常识、其他哲学学派的关于现实世界或物理世界的见解没有不同。物理世界是实体的世界和运动的世界，其中一部分是自然天成的，另一部分是人工创造出来的物体或经过人工

---

and the Shaping of Reality", in *Search of a Better World, Lectures and Essays from Thirty Years*, ed. by Karl Popper, translated by Laura J. Bennett, with additional material by Melitta Mew, translation revised by Sir Karl Popper and Melitta Mew, Routledge, 1992, p.8。

① Karl Popper, *Objective Knowledge: An Evolutionary Approach*, Oxford University Press, 1983, p.106.

② Karl Popper, *Objective Knowledge: An Evolutionary Approach*, Oxford University Press, 1983, p.154.

改造的自然物体。在有关三个世界的论述中，波普尔并没有着重讨论过天然自然与人工自然的区别。

在世界 2 方面，波普尔竭力区分精神活动与这种活动所形成的产品，坚持认为认识主体及其主观体验是一种主观的世界，而它的产品则是客观的，因而应与世界 2 加以区分，是所谓世界 3。从 60 年代初直到他去世前不久的 30 年中，波普尔一直尽力论证世界 3 的客观性、实在性和自主性。世界 3 是他的三个世界理论的核心论题。

波普尔与三个世界理论

三个世界理论的基础是知识的客观性。波普尔关于知识具有客观性的想法最早发表于 1960 年在英国不列颠科学院（British Academy）的年度哲学演讲中，演讲题为"论知识和无知的根源"（On the Source of Knowledge and Ignorance）。在该演讲中波普尔首次提出了他那著名的思想表①。在这张思想表中，波普尔确信知识可以作为客观存在，这后来成为他的三个世界理论的基础。波普尔的这篇演讲后来收入于 1962 年出版的他的重要著作《猜想与反驳——科学知识的增长》（*Conjectures and Refutations: The Growth of Scientific Knowledge*）一书，

---

① Karl Popper, *Unended Quest, An Intellectual Autobiography*, Routledge, London, reprinted 1993, p.22. 该书原名 *Intellectual Autobiography*，收入 P. Schilpp 编辑的 *The Philosophy of Karl Popper*, Vol. 2, La Salle, Illinois: Open Court, 1974。这篇自传完成于 1969 年，于 1976 年发行单行本，书名为 *Unended Quest*。

作为该书的导论①。

1967 年，在阿姆斯特丹第三届逻辑学、方法论和科学哲学国际会议上，波普尔发表题为"没有认识主体的认识论"（Epistemology Without a Knowing Subject）②的致词，从他的认识论的需要出发，比较系统地阐述三个世界理论。

随后，1968 年，在维也纳第 16 届国际哲学大会上，波普尔作题为"关于客观精神的理论"（On the Theory of the Objective Mind）③的演讲，重点论述了世界 3 的客观性问题。这两篇文章被收入 1972 年出版的《客观知识——一个进化论的研究》（Objective Knowledge: An Evolutionary Approach）一书，成为波普尔三个世界理论的最集中、系统的表述。

1977 年，波普尔在与十分赞赏他的三个世界理论的澳大利亚生物学家 J. C. 艾克尔斯（J. C. Eccles，诺贝尔奖获得者）合著的《自我及其大脑——相互作用论的一个论据》（The Self and its Brain: An Argument for Interactionism）一书中，写下题为"世界 1、2、3"（World 1,

---

① ［英］卡尔・波普尔：《猜想与反驳——科学知识的增长》，傅季重等译，上海译文出版社 1986 年版。（原书名 Conjectures and Refutations: The Growth of Scientific Knowledge, Harper & Row, Publishers, New York and Evanston, 1968，该书第一版出版于 1962 年，1965 年出版第二版）

② Karl Popper, "Epistemology without a Knowing Subject", in Objective Knowledge: An Evolutionary Approach, Oxford University Press, first published 1972, reprinted 1983, pp.106–152. 参考译文，［英］卡尔・波普尔：《客观知识——一个进化论的研究》，舒炜光等译，上海译文出版社 1987 年版，第 114—162 页。

③ Karl Popper, "Epistemology without a Knowing Subject", in Objective Knowledge: An Evolutionary Approach, Oxford University Press, first published 1972, reprinted 1983, pp.153–190.

2 and 3)① 的论文（该书的第二章），试图证明对世界 3 的考虑能够对身心问题作出某种新的理解。

在 1980 年美国密执安大学（University of Michigan）坦纳尔讲座（Tanner Lectures）上，波普尔发表题为"三个世界"（Three Worlds）② 的演讲，这次演讲可能是他解释自己的三个世界理论最清晰的一次，也是最富于前瞻、最接近于现时代的一次，显示出他对于他所谓的"广义的世界 3"作过一些思考，容纳了一些晚近的科学技术成就方面的内容，特别是像程序和计算机等与信息处理有密切关系的内容。他的这一思想，在 1982 年 8 月阿尔普巴赫（Alpbach）所做的"知识和实在的形成"（Knowledge and the Shaping of Reality）的演讲中得到进一步阐发。而此前早在 1974 年出版的《卡尔·波普尔的自传》（*Autobiography of Karl Popper*）③ 中，波普尔对他的三个世界思想和渊源、发展过程进行了详尽回顾。

---

① Karl Popper, "The Worlds 1, 2 and 3", in *The Self and its Brain*, Springer International, Karl Popper and John C. Eccles, 1977, pp.36–50. 参考译文：[英] 波普尔：《世界 1、2、3》，邱仁宗译，《自然科学哲学问题》1980 年第 1 期。

② Karl Popper, "Three Worlds", in *The Tanner Lectures on Human Values*, ed. by Sterling M. McMurrin, University of Utah Press, Salt Lake City, 1980, pp.141–167.

③ 在这部思想自传中，波普尔把他的存在客观知识的思想一直追溯到早年对巴赫和贝多芬的音乐作品的理解与感受。他认为，贝多芬的音乐极为主观，而巴赫简直就是他的作品的仆人。20 年代初，波普尔曾是 20 世纪音乐先锋派大师勋伯格（A. Schönberg, 1874—1951, 十二音律音乐创始人）和韦伯恩（A. von Webern, 1883—1945）音乐圈子里的活跃人物，并参加他们的私人演奏会。后来，波普尔开始反对勋伯格等人的音乐理念和试验，转向保守的维也纳音乐学院，波普尔凭着自己写的赋格曲被该院音乐系录取，但不久后他放弃了这个学业，他认为自己不可能成为"够格"的音乐家，因为艺术活动没有客观性。见 Karl Popper, *Unended Quest, An Intellectual Autobiography*, Routledge, London, Reprinted 1993, pp.53–73。

世界3的演变

波普尔环球宣讲三个世界理论前后凡 30 年。这 30 年大致以 70 年代中期为界，分为前后两个阶段。在前一个阶段，波普尔关于世界3 的论述一直集中在纯精神产品上，他的世界 3 概念也比较严格，不出上述定义。然而，波普尔在发表思想自传《无穷的探索》（*Unended Quest*, 1974）时，情况发生了变化，世界 3 概念被推广了。在这本思想自传中，波普尔这样谈到三个世界：

"如果我称'事物'——'物理对象'——的世界为第一世界，主观经验（例如思维过程）的世界为第二世界，我们可以称自在陈述的世界为第三世界。"①

波普尔进一步对他的世界 3 作了狭义和广义的区分：

"我们可以把问题、理论和批判论证的世界看作一种特例（a special case），狭义（in the narrow sense）的世界 3，或者世界 3 的逻辑或智力区（the logical or intellectual province）；我们可以把人类精神的一切产物，例如工具（tools）、建构（institutions）和艺术品（works of arts）都包括在更广义（more general sense）的世界 3 中。"②

狭义世界 3（或世界 3 的逻辑或智力区）：问题、理论和批判论证；

---

① Karl Popper, *Unended Quest, An Intellectual Autobiography*, Routledge, London, reprinted 1993, p.181. 根据波普尔自己的说明，他一直用第一世界、第二世界和第三世界这样的提法，这部思想自传完成后，他接受生物学家 J. 艾克尔斯的建议，改用世界 1、世界 2 和世界 3 的提法。

② Karl Popper, *Unended Quest, An Intellectual Autobiography*, Routledge, London, reprinted 1993, p.187.

包括思想的客观内容的世界，尤其是科学思想、诗的思想以及艺术作品的世界。他提到的世界 3 成员还有，理论体系、问题和问题境况（situations）、批判性辩论，还有期刊、书籍和图书馆的内容以及计算机中的数据（对数表）等。此外，世界 3 中还有一重要的成员：人类语言①。

广义世界 3：包括人类精神活动的一切产品，例如工具、建构和艺术品。世界 3 甚至可以包括所有的人工制品和人工自然。按照波普尔的广义理解，世界 3 的领域得到了几乎是无限的扩张，并且是对未来完全开放的：它随时准备好接纳人类所创造出的任何新的精神产品。实际上，到了晚年，按波普尔自己的说法，他多年来反复论证的，只是世界 3 的一个特例，即狭义的世界 3 的情况（例如数学）。

在 1980 年密执安大学的那次演讲中，他举出过演奏贝多芬（L. von Beethoven, 1770—1827）的《第五交响曲》（the Fifth Symphony "the Fate"）作为广义世界 3 的例子。这个例子乍看起来简单，交响曲似乎只是狭义世界 3 的客体，它的总谱刻写或印刷在纸张上，是一般的文本的情况。但是仔细考察，情况变得复杂起来。交响曲真正的再现，需要乐队现场演奏，而听众从沐浴其中的声场领悟到音乐的精神内容，再转化为自己的情绪或精神意境（毫无疑问，还要结合听众自己的文化艺术背景与修养和生活经历）。从总谱上的文本到听众的感受之间，需要有多次的编码形态转换，中间还间隔着乐队指

---

① Karl Popper, *Objective Knowledge: An Evolutionary Approach*, Oxford University Press, 1983, p.119.

挥的理解和整个乐队的演奏，聆听主体的知觉（听觉）感受，有多次的思维主体介入。因此，交响曲的问题，比书籍或其他文本形态的世界3要困难、复杂，是广义的世界3例子。所以，波普尔在谈到这个例子时，反复讲到"好的演奏"和"差的演奏"，讲到演奏合乎总谱与发生演奏错误的情况。在他看来，这"好"与"差"，以及是否严格按照总谱演奏，其间并没有必然联系。正是这一点，证明交响曲属于世界3，而且是广义的。"经过这样评判的演奏，用我的术语来说，属于世界3客体——当然，是具体体现（embodied）的或物理上实现（physically realized）的客体——并且可以评定为世界3客体。①"

波普尔在密执安大学的演讲，令人信服地表明他的世界3概念的确发生重要变化，他论述了他的三个世界理论，并最为详尽地列数了世界3的成员：

"首先，存在着包含物理客体的世界：它包含着石头和星体，植物和动物，但也包含着辐射和其他形式的物理能。我把这个物理世界叫作'世界1'。

"如果我们愿意，也可以把这个物理世界1细分为无生物物理客体世界和有生物世界，生物客体世界，尽管这种区分并不严格。

"第二，存在着精神的或心理的世界，我们的痛苦和欢乐的感情的世界，我们的思想的世界，我们的决心的世界，我们的知觉和观察的世界；换句话说，也就是精神的或心理的状态或过程的世界，主观

---

① Karl Popper, "Three Worlds", in *The Tanner Lectures on Human Values*, ed. by Sterling M. McMurrin, University of Utah Press, Salt Lake City, 1980, p.149.

的世界。我称之为'世界 2'。……

"……我用世界 3 来指人类心灵的产品，如语言，故事、传说和宗教神话，科学猜想或理论、数学构造（mathematical constructions），歌曲和交响乐，绘画和雕塑。但也包括飞机（aeroplanes）和机场（airports）以及其他工程技术的业绩（feats of engineering）。

"很容易在我所谓世界 3 内部再区分出一系列不同的世界来。我们可以把科学世界同幻想世界区分开来，把音乐世界和艺术世界同工程技术世界区分开来。出于简单性的考虑，我只讲一个世界 3，就是人类精神产品的世界。"①

值得注意的是，在这同一次演讲中，波普尔提出，"不仅地图和计划（plans）是世界 3 客体。行动计划（plans of action）也是，这可能包括计算机程序(computer programmes)"②。波普尔很少谈到计算机，但这次演讲是为数很少的几个例外之一，显示出他的观念变化受到信息化进程的某些影响。

从这次演讲中，可以看出波普尔把世界 3 推广到了几乎所有人类精神活动的产品，似乎推广的疆界过宽了，以至于在很大程度上混淆了世界 3 与物理世界的区别，特别是混淆狭义的世界 3 与人工自然的区别，即他的世界 3 侵入了他的世界 1 的领地。在这里波普尔多多少少陷入了概念不清的境地。实际上，波普尔的这种广义世界 3，从二

---

① Karl Popper, "Three Worlds", in *The Tanner Lectures on Human Values*, ed. by Sterling M. McMurrin, University of Utah Press, Salt Lake City, 1980, pp.143–144.

② Karl Popper, "Three Worlds", in *The Tanner Lectures on Human Values*, ed. by Sterling M. McMurrin, University of Utah Press, Salt Lake City, 1980, p.163.

元论哲学来看，既包含了部分的物质世界（人工自然部分），也包含了部分的精神世界（精神产品）。总之，世界3包含了所有的人类精神活动所涉及过的东西，有纯精神产品，也有人工制品，以及被改造过的自然物。不过，由于人类活动的广泛和无限制，波普尔的这种分法，如果解释为确保世界3是个高度开放的概念，向未来兼容的概念，还是可以理解的。

1982年8月，波普尔在阿尔普巴赫（Alpbach）所做的"知识和实在的形成"（Knowledge and the Shaping of Reality）的演讲中，更加明确地把世界3推广到所有人造物："我们已经在地球上发现两种物体：有生命的（animate）和无生命的（inanimate）。这两者都属于物质世界（material world），属于物理事物（physical things）的世界。我称这个世界为'世界1'。

"我要用'世界2'这个概念指我们的经验（experiences）的世界，特别是指人类经验的世界。……我们有世界2，所有的知觉经验（conscious experiences）的世界，以及，我们也许还可以假设，和非知觉经验（unconscious experiences）的世界。

"我说'世界3'意思是指人类精神的客观产品的世界；就是说，是指世界2中人类那部分的产品的世界。世界3，人类精神产品的世界，包括这样一些事物，如书籍、交响曲，雕塑作品，鞋子，飞机（aeroplanes），计算机（computers）；还包括一些很明显也属于世界1的非常简单的物理客体，如平底锅和木棍。要理解这个术语，很重要的一点是所有的有计划的（planned）或者精心设计的（deliberate）人的精神活动的产品都划分到世界3中，尽管它们中的绝大多数也属于世界 1 客体。"①

值得注意的是，为了有助于区分世界 2 和世界 3，作为其世界 3 的辅助概念，波普尔提出存在着主观知识和客观知识，他断言，

"我们能够而且的确必须在主观意义的知识和客观意义的知识之间做出严格的区分。

"主观意义的知识包括具体精神气质（mental dispositions），特别是期望（expectation）的精神气质，包括具体世界 2 思想过程以及与之相关的世界 1 大脑过程。可以把它描述为我们的主观期望世界。

"客观意义的知识不包括思想过程（thought processes）而包括思想内容（thought contents）。它包括我们用语言所表述的理论的内容，这一内容可以、至少可以近似地从一种语言翻译成另一种语言。客观思想内容是在合理的优良翻译中保持不变的内容。"②

波普尔就是这样把意识活动与知识作了区分，把思维活动过程划入世界 2，而把思维活动的结果和内容列为世界 3。

世界 3 的两大特征：开放性和对世界 1 的依赖性

世界 3 需要物质载体，或者说需要在世界 1 客体中加以体现。波

---

① Karl Popper, "Knowledge and the Shaping of Reality", in *Search of a Better World, Lectures and Essays from Thirty Years*, ed. by Karl Popper, translated by Laura J. Bennett, with additional material by Melitta Mew, translation revised by Sir Karl Popper and Melitta Mew, Routledge, 1992. pp.7–8.

② Karl Popper, "Three Worlds", in *The Tanner Lectures on Human Values*, ed. by Sterling M. McMurrin, University of Utah Press, Salt Lake City, 1980, p.156.

普尔指出，除了数学以外，绝大多数世界 3 一般都需要世界 1 作为载体，或者体现在世界 1 中："世界 3 的客体虽非全部却也是大部，可以说都体现为或者物理上实现为一个或许多世界 1 物理客体。"例如同一部作品（即使是像绘画那样的艺术作品）也可以有多个复制品，而"人们如果愿意，也可以说世界 3 客体本身是抽象客体，它们的物理体现或实现（physical embodiments or realization）则是具体客体"[①]。波普尔举出的例子有，世界 3 意义上的一本书并不是物理意义上的一本书，美国宪法（American Constitution），莎士比亚（W. Shakespeare，1546—1616）的《暴风雨》（the Tempest）或者《哈姆雷特》（Hamlet），贝多芬的《第五交响曲》，牛顿的引力论等都是世界 3 客体，它们印刷在一卷书中，而书只是世界 1 的物体。世界 3 客体与特定的一卷书不同，这一卷书只是世界 3 的客体在世界 1 的体现。

可以认为，波普尔的广义世界 3 基本上都属于既有世界 3 客体又有世界 1 客体的"混合物"，这个概念延伸范围相当宽，当波普尔说他的世界 3 既是人类精神活动的产品，又可以通过世界 1 客体加以具体体现时，世界 3 的定义明显超出了他所罗列的成员的全体，给未来时代人类精神活动添加新产品、新成员预留了广大空间，具有相当的开放性和包容性。正因为如此，信息时代中经过数字化处理的信息才有可能被收容到世界 3 中去。

在与艾克尔斯合写的《自我及其大脑》中，波普尔谈到世界 3 除了需要世界 1 客体体现之外，还有另外两种存在方式："许多世界 3

---

① Karl Popper, "Three Worlds", in *The Tanner Lectures on Human Values*, ed. by Sterling M. McMurrin, University of Utah Press, Salt Lake City, 1980, p.145.

客体如书籍、新合成药物、计算机、飞机，都是体现在世界 1 客体中的：它们是物质的人造物，它们既属于世界 3，也属于世界 1。大多数艺术作品也是如此。有些世界 3 客体只存在于编码的形式中，如乐谱（可能从来不会演奏），或者唱片录音。其他的——诗，可能还有理论——也可以存在于世界 2 客体中，如记忆，估计也以记忆痕迹的方式编码而存在于某些人的大脑（世界 1）中，并随着大脑死亡而消失。"①

笔者认为后两种世界 3 的存在方式很值得注意。单纯以编码形式存在的世界 3 是今天我们会经常遇到的、要考虑的数字化世界 3 的主要形式，也是最接近于波普尔狭义世界 3 定义的存在方式；而关于世界 3 也存在于人脑细胞中的见解，既是波普尔与艾克尔斯立论的前提，也是现代电子计算机处理信息的模仿依据。在此，波普尔强调的是，世界 3 需要以世界 1 为其存在的依托（载体）。

在同一篇文字里，波普尔还谈到"未具体化的世界 3"客体（unembodied world 3 objects）。他举出了一些数学例子，如自然数的奇偶性，素数是否有无穷多个的问题。他说，数学上有许多客观的、尚未具体化的事物先于它们被有意识地发现而存在，波普尔认为，承认这一点，是解释人在世界 3 与世界 1 之间发挥中介作用的关键所在："我的命题是，人类精神把握世界 3 的对象，如果不总是直接地，那么就通过一种间接的方法；这是一种不依赖于它们的体现的方法，而且也就属于世界 1 的那些世界 3 的对象（例如书本）来说，是从它们

---

① Karl Popper, "The Worlds 1, 2 and 3", in *The Self and its Brain*, Karl Popper and John C. Eccles, Springer International, 1977, p.41.

的体现中抽象出来的方法。"①

　　波普尔的三个世界理论，相对集中在对于这种"未具体化的世界3客体"的讨论，它的客观性、实在性、自主性，它的可把握性。他对具体化了的世界3客体的讨论要少得多。

　　总的来说，波普尔的世界3概念前后并不一致，大致经历了一个由狭义到广义、由纯粹精神产品到包括所有人工制品的发展过程。这一点目前还没有为人们充分重视，有些论者对于波普尔世界3的理解还仅限于它的狭义范围，因而导致对于三个世界理论的评价和适用性的估计产生较大偏差，看不到这一理论在现时代仍然具有生命力。其实波普尔世界3概念在发展中，逐渐具备了开放性和向后兼容性，逐渐强调对世界1客体的依赖性。虽然，波普尔本人实际上认真展开过论述的，主要是理论、问题及其境况，即他所谓的狭义的世界3，但是，也许连他本人也没有充分认识到，他的广义的世界3具有很强的开放性和包容性，显示出哲学范畴应有的高度概括力和前瞻性，具有更普遍意义。

第二节　世界 3 的存在性

　　三个世界理论的核心是世界3概念，世界3的存在性是该理论的关键部分。波普尔对世界3存在的证明主要有三种。

---

① Karl Popper, "The Worlds 1, 2 and 3", in *The Self and its Brain*, Karl Popper and John C. Eccles, Springer International, 1977, p.43.

关于世界 3 的思想实验

波普尔提出过两个著名的思想实验：考虑到（在波普尔所熟悉的那个时代）人类知识主要集中储存于书籍和图书馆中，

实验 1：我们所有机器和工具，连同我们所有的主观知识，包括我们关于机器和工具以及怎样使用它们的主观知识都被毁坏了；然而，图书馆和我们从中学习的能力依然存在。显然，在遭受重大损失之后，我们的世界会再次运转。

实验 2：像上面一样，机器和工具被毁坏了，并且我们的主观知识，包括我们关于机器和工具以及如何使用它们的主观知识也被毁坏了；但是这一次是所有的图书馆也都被毁坏了，以至于我们从书籍中学习的能力也没有用了。①

波普尔称这两个思想试验是"证明第三世界（或多或少地）独立存在的一个标准论据"②。波普尔指出，在第二种情况下，我们的文明在几千年内不会重新出现。这两个思想实验的思路是，世界 3 对世界 2 有因果性影响，并且通过世界 2 对世界 1 有因果性作用。波普尔说，"一个关于个人经验的主观精神世界是存在的，……第二世界的主要功能之一是把握第三世界的客体。我们大家全是这样做的，因为人的生活中一个必不可少的部分就是学习语言，而这在本质上意味着学习

---

① Karl Popper, *Objective Knowledge: An Evolutionary Approach*, Oxford University Press, 1983, pp.107–108.

② Karl Popper, *Objective Knowledge: An Evolutionary Approach*, Oxford University Press, 1983, pp.107–108.

把握客观的思想内容。"① 如果图书馆没有了，我们人类千百年来积累的客观的知识、思想内容就再也无处找寻，我们纵有从书籍中进行学习、有把握世界 3 的能力，但是这种能力却再也没有用了。换句话说，如果不再有知识和书籍，大脑还有什么用呢？人脑存在着，知识却可能消失，因而知识是一种客观独立的东西。也就是说，世界 1 和世界 2 可以存在着，但是世界 3 却能够消失。如果知识消失了，人只能面对物理的世界（包括人类以前创造的人工自然）一片茫然，人类文明只能一切从头开始。

内容与语言编码

波普尔说，内容是人类语言的产物，而人类语言反过来又是最重要、最基本的世界 3 客体。语言有其物理的方面，而所想或所说的内容则是某种更加抽象的东西。"内容正是我们在从一种语言翻译成另一种语言中想加以保存、保持不变的东西"②。在波普尔看来，语言是一种载体工具，客观知识、内容在它之中的体现，犹如理论或剧作在书本中的体现。同样的思想，可以翻译为不同的语言，也可以采取不同的编码（从本质上说，编码就是一种翻译）。"客观意义的知识不包括思想过程而包括思想内容。它包括我们用语言所表述的理论的内

---

① Karl Popper, *Objective Knowledge: An Evolutionary Approach*, Oxford University Press, 1983, p.156.

② Karl Popper, "Three Worlds", in *The Tanner Lectures on Human Values*, ed. by Sterling M. McMurrin, University of Utah Press, Salt Lake City, 1980, p.159.

容，这一内容可以、至少可以近似地从一种语言翻译成另一种语言，客观思想内容是在合理的优良翻译中保持不变的内容。或者按照更加实在主义的说法，客观思想内容就是翻译者力求保持不变的东西，即使他会不断地发现这一任务困难得简直不能完成。"① 简而言之，人们总是可以从某种表现中抽象出一个思想或一段信息，这个思想或这段信息不因其语言或编码形式会有本质变化。

推而言之，客观知识的内容与其物质载体无关。

波普尔的这一思想在信息化时代的今天有特殊重要意义。客观思想和知识内容与编码形式无关、与物质载体无关，使得我们有可能顺利地把波普尔的理论与当代高技术成就相结合，来考察信息与世界 3 的关系，以及由此进一步考虑在信息技术背景下的三个世界之间的相互作用关系。

世界 3 的自主性

波普尔认为，事物具有自主性是它成为客观实在的重要标志。波普尔证明，我们所创造的世界 3 的客体，都有它们自己的规律，而这些规律所造成的结果，是人作为它们的创造者所不能事先预见和意想不到的，他称之为自主性，有时又称它为超越性。他举出自然数的例子：

"自然数列是人类的作品。不过，尽管我们创造了这个数列，但

---

① Karl Popper, "Three Worlds", in *The Tanner Lectures on Human Values*, ed. by Sterling M. McMurrin, University of Utah Press, Salt Lake City, 1980, p.156.

它反过来也创造了自己自主的问题。奇数和偶数之间的区分不是由我们自己创造的：它是我们创造活动产生的一个预料之外而又不可避免的结果。当然，素数同样也是预料之外的自主的客观事实。就素数的情况来看，显然存在许多有待我们发现的事实：如哥德巴赫猜想。这些猜想尽管间接涉及我们的创造活动，但直接涉及的却是从我们的创造中莫名其妙地涌现出来而我们又无法控制和影响的问题和事实：它们是难以对付的事实，有关它们的真理往往是难以发现的。

这个事例说明了我的说法：尽管第三世界是我们创造的，但它基本上是自主的。"①

自然数的例子是波普尔演示其世界 3 的最成功的例子之一，他在许多场合反复引用它，连三个世界理论的反对者也无法否认这个例子的说服力②。自主性的实质是，世界 3 虽然源自人类活动，我们是我们的思想的发明者，但是这个世界成员的发展是不能用世界 1 和世界 2 之间的相互作用来解释的。用波普尔的话来说，就是"第三世界是人造的，同时又明明是超乎人类的。它超越了自己的创造者"③。

---

① Karl Popper, *Objective Knowledge: An Evolutionary Approach*, Oxford University Press, 1983, p.118.

② [德] A.奥希厄：《波普尔的柏拉图主义》，邱仁宗译，载中国社会科学院哲学所自然辩证法室情报所第三室：《第十六届世界哲学会议文集》，中国社会科学出版社 1984 年版，第 334—335 页。

③ [英] 波普尔：《客观知识——一个进化论的研究》，舒炜光等译，上海译文出版社 1987 年版，第 169 页。

波普尔关于世界 3 的结论

与波普尔在世界 3 成员问题上有所变化不同，他对于三个世界之间的相互关系的结论却是始终如一的。

三个世界理论的核心是世界 3 概念及其特征。波普尔认为：

①世界 3 是世界 2 即人类的精神活动的产物；

②世界 3 是自主的、有本体论意义的客观实在；

③世界 2 是世界 3 和世界 1 之间发生相互作用的必然中介，世界 3 不可能对世界 1 发生任何直接作用。

波普尔指出，科学猜想或理论能对物理世界产生效果。世界 1 与世界 3 之间以世界 2 为中介，这一点很少为人们所说明，但是它很清楚地包含在三个世界的理论中。波普尔进一步指出，"精神在第一世界与第三世界之间建立了间接联系。这一点极为重要。无法否认，这种由数学理论和科学理论组成的第三世界对第一世界产生巨大的影响。比如，由于技术专家的介入确实能产生这种影响，技术专家通过应用上述那些理论的某些成果而引起第一世界的变化"[1]。"世界 2 作为世界 3 和世界 1 之间的中介而发挥作用。但也正是对世界 3 客体的把握（grasp）给予世界 2 以改变世界 1 的力量。"[2]

---

[1] Karl Popper, *Objective Knowledge: An Evolutionary Approach*, Oxford University Press, 1983, p.155.

[2] Karl Popper, "Three Worlds", in *The Tanner Lectures on Human Values*, ed. by Sterling M. McMurrin, University of Utah Press, Salt Lake City, 1980, p.156.

　　这正是波普尔三个世界理论中最为重要的结论。这一结论在信息时代的技术发展中将被证明需要做部分修正，人仍然是世界3与世界1之间的最重要的中介，但是，在某些情况下，世界3也可以与世界1进行直接的互动，并不需要人的介入。此外，这种直接的互动也可以创造出新的世界3客体，这种"非人类"的创造活动是对人的智慧的补充和扩展。

第三节　波普尔三个世界理论的历史境遇

在西方遭到冷遇

　　应该说，波普尔的三个世界理论是富有启发性的，对于理解人类知识的增长是有用的，他本人也正是为了说明他的科学知识增长模式而提出这一理论的。然而，尽管他一生中后30年一直孜孜不倦地演说写作，几乎是不遗余力地宣讲他的三个世界理论，这一学说在西方哲学界一直遭到冷遇或反对。大多数知名哲学家在谈论到波普尔的哲学见解时根本就不涉及他的三个世界理论。

　　保罗·A.施尔普（Paul Arthur Schilpp，有的文献译作施里普）主

编的巨著《卡尔·波普尔的哲学》①总篇幅 1300 余页，收集到 33 位
20 世纪活跃的哲学家对波普尔哲学的评论文章，这些文章总计篇幅
超过 700 页，可是其中只有艾克尔斯的论文以"客观知识的世界"(The
World of Objective Knowledge) ②为题，对他与波普尔的交往和三个世
界理论对他的生物学研究工作的影响进行了评述，其他 32 位作者无
一涉及三个世界理论。波普尔在 1974 年发表的思想自传《无穷的探
索》中抱怨说，"当代哲学的一个严重错误是看不到这些事物——我
们的成果（offspring）——尽管它们是我们精神的产物，尽管它们与
我们的主观经验有关，却也有客观的方面"③。少数有所涉及的作者，也
多持反对态度，例如费耶阿本德在评论《客观知识》这本书时说，没
有恰当的证据或发现支持波普尔的论点，第三世界只不过是怪物，是
投射在物质世界上的影子④；还有本文后面将引用到的 A.奥希厄。在 70

---

① P. Schilpp（ed.）, *The Philosophy of Karl Popper*, Vol. 2, La Salle, Illinois: Open Court, 1974,
   pp.1–1323.

② J. A. Eccles, "The World of Objective Knowledge", in *The Philosophy of Karl Popper*, Vol. 2, P.
   Schilpp（ed.）, La Salle, Illinois: Open Court, 1974, pp.349–370.

③ Karl Popper, *Unended Quest, An Intellectual Autobiography*, Routledge, London, Reprinted
   1993, p.195. 在这篇自传中波普尔生动地记述了他本人与维特根斯坦（L. Wittgenstein）
   个人之间的一场摩擦，那次争吵于 1946 年秋发生在剑桥的道德科学俱乐部（the Mor-
   al Science Club at Cambridge），波普尔与维特根斯坦就有没有哲学问题展开争论，波普
   尔回忆："于是我提到道德问题以及道德准则的有效性问题。这时维特根斯坦正坐在
   火炉边，神经质地摆弄着火钳，有时用火钳做教鞭强调他的主张，这时他向我挑战
   说：'举一个道德准则的例子！'我回答说：'不要用火钳威胁应邀访问的讲演人。'维
   特根斯坦顿时在盛怒之下扔掉火钳，冲出房门，砰地一声把门关上。"见 pp.122–124。

④ 转引自舒炜光：《知识论中的反传统——〈客观知识〉(中译本)》(序)，载 [英] 卡尔·波
   普尔：《客观知识——一个进化论的研究》，舒炜光等译，上海译文出版社 1987 年版，
   第 13 页。

年代末的一次演讲中，波普尔承认，"对我的世界 3 客体观点指出最激烈的反对意见的，是我的哲学界的朋友们，一元论者以及二元论者"①。

1975 年，波普尔在《我怎样看待哲学》(*How I See Philosophy*)② 一文中，总结了自己一生的哲学见解，也为自己的三个世界理论辩护："我是一个常识多元论者。我很愿意让这种论点受到批判，被更好的论点所取代，但是我所知道的所有批判它的论证在我看来都不能成立。"1994 年 7 月，波普尔去世前一个月，他还亲自主编了自选文集《全部生活就是问题解决》(*All Life is Problem Solving*)，其中收入他于 1972 年在曼海姆（Mannheim）的演讲，题为"一个实在论者对身心问题的见解"(Notes of a Realist on the Body-Mind Problem)③，在这篇演讲中，波普尔把他的三个世界理论当作理解身心问题的基础："我之强调人类知识的理论特征把我引向世界 3 理论。"④ 在他为这本文集写的序言中，他意味深长地引用了历史学家费舍尔（H. A. L. Fisher）的话："进步的事实只不过是历史卷帙中的陈词滥调，其实进步并不是自然的法则。一代人所取得的基础，也许会为下一代人所忘却。"⑤

---

① Karl Popper, "Three Worlds", in *The Tanner Lectures on Human Values*, ed. by Sterling M. McMurrin, University of Utah Press, Salt Lake City, 1980, p.146.

② Karl Popper, "How I See Philosophy", in *Search of a Better World, Lectures and Essays from Thirty Years*, ed. by Karl Popper, translated by Laura J. Bennett, with additional material by Melitta Mew. Translation Revised by Sir Karl Popper and Melitta Mew. Routledge, 1992, p.182.

③ Karl Popper, "Notes of a Realist on the Body-Mind Problem", in *All Life is Problem Solving*, ed. by Karl Popper, translated by Patrick Camiller, Routledge, London, New York, 1999, pp.23–35.

④ Karl Popper, "Notes of a Realist on the Body-Mind Problem", in *All Life is Problem Solving*, ed. by Karl Popper, translated by Patrick Camiller, Routledge, London, New York, 1999, p.35.

⑤ Karl Popper, "Notes of a Realist on the Body-Mind Problem", in *All Life is Problem Solving*, ed. by Karl Popper, Translated by Patrick Camiller, Routledge, London, New York, 1999, p.xi.

波普尔去世（1994 年 8 月）后不久，在英国皇家哲学研究所（Royal Institute of Philosophy）举行的纪念卡尔·波普尔系列演讲中，12 位演讲人中没有一个以波普尔的三个世界理论为主要论题，包括后来出版的演讲文集[①] 主编 A. 奥希厄（Anthony O'Hear）在内。

这本文集的主编奥希厄本人是波普尔的朋友，但是他强烈反对三个世界理论。早在许多年前，奥希厄就认为，波普尔关于世界 3 的自主性的所有论证都是站不住脚的，"抽象地思考我们的观念，把它们从人类行为中孤立出来分析它们的发展，这当然是可能的，有时也是有用的。但是把它们从人类与境（context）中完全抽象出来，令他们来统治我们而不是相反，这不仅违背事实，而且还使人误入歧途"[②]。奥希厄还曾写文章对波普尔世界 3 的自主性、编码无关性和客观性等特性进行过逐一批判。[③]

波普尔自己承认，他是个实在论者，"是个常识多元论者"。按波普尔的分法，在 20 世纪科学哲学中，大致有三个派别，一是占据主流地位的维也纳学派的逻辑实证主义哲学，波普尔称之为"学院派哲学"，这一派哲学家强调经验和语义分析，否认实在性问题的哲学价值，坚持理性主义传统；二是以波普尔为代表的伦敦经济学院的证伪主义哲学，强调科学与非科学和伪科学的区别不在于事实能够证

---

① Anthony O'Hear（ed.）, *Karl Popper: Philosophy and Problems, Supplement to 'Philosophy'*, Royal Institute of Philosophy Supplement: 39, Cambridge University Press, 1995.

② Anthony O'Hear, *Karl Popper*, Routledge & Kegan Paul, 1980, p.200.

③ [德] A. 奥希厄：《波普尔的柏拉图主义》，邱仁宗译，载中国社会科学院哲学所自然辩证法室情报所第三室：《第十六届世界哲学会议文集》，中国社会科学出版社 1984 年版，第 339—340 页。

实理论，而应在于唯有科学才具有批判地使用经验证据的可能，以此既坚持理性主义，又防止盲目辩护和迷信；三是怀疑主义派。波普尔晚年曾说过，他一直没有参加过维也纳圈子的活动，也从来没有受到过邀请，他被视为（学院派哲学的）正式的反对派[1]。波普尔坚持，维也纳学派不仅反对形而上学，而且反对哲学，否认有真正的哲学问题。"我只能说，如果我没有真正的哲学问题和解决这些问题的希望，我就没有理由作一个哲学家：我认为，这样一来哲学就没有存在的理由。"在波普尔看来，"专业哲学的成就并不算太好。这种哲学迫切需要为其存在提出辩护"[2]。在他的思想自传里，波普尔甚至模仿尼采（F. Nietzsche, 1844—1900）的口吻[3]，宣称"逻辑实证主义已经死亡了，……'谁负责任？'或者更确切地说是'谁杀死了它？'我担心我必须承担这个责任"[4]。波普尔的态度反映出他对于拒绝承认存在哲学问题、拒绝回答实在性问题的 20 世纪"主流"哲学的敌视态度，

---

[1] 波普尔同时代哲学家的回忆为此提供了旁证，见 Victor Kraft, Popper and the Vienna Circle, in *The philosophy of Karl Popper*, A. Schilpp（ed.）, La Salle, Illinois: Open Court, 1974，pp.185–204。

[2] Karl Popper, "How I See Philosophy", in *Search of a Better World, Lectures and Essays from Thirty Years*, ed. by Karl Popper, translated by Laura J. Bennett, with additional material by Melitta Mew, translation revised by Sir Karl Popper and Melitta Mew, Routledge, 1992, p.177.

[3] 尼采说，"上帝死了，我是杀死上帝的凶手"，语出尼采《快乐的智慧》。转引自周继明：《尼采》，《西方著名哲学家评传》第七卷，山东人民出版社 1996 年版，第 399 页。

[4] Karl Popper, *Unended Quest, An Intellectual Autobiography*, Routledge, London, reprinted 1993, p.88. 波普尔晚年似乎表现出强烈的傲慢偏执倾向，约翰·霍根在其畅销一时的著作《科学的终结》（第二章，"哲学的终结"，孙雍君等译，远方出版社 1997 年版，第 51—60 页）中记录了作者于 1992 年波普尔 90 岁高龄访问他时的情景，霍根的记述生动地描写了波普尔的这种倾向。

这同时也表明，波普尔的哲学连同他的三个世界理论不可能得到同行的充分认可。

三个世界理论在中国

然而，遭到冷遇和反对，并不表示波普尔三个世界理论没有价值。虽然三个世界理论在经验论盛行的 20 世纪西方哲学中遭到冷遇，但是它的实在论特征、它的想象力还是吸引众多哲学家，尤其在重视实在论传统的中国。

波普尔的三个世界理论，在 20 世纪 80 年代初被介绍引进到我国。在整个 80 年代里，西方现代哲学大量文献被移译引进，其中包括翻译介绍卡尔·波普尔的著作和文章、演讲稿。此外，在一些对西方现代哲学特别是科学哲学的综述或评述性著作中，一般也论述波普尔的哲学思想，包括介绍他的三个世界理论。1987 年，在武汉大学还举行过"波普尔在中国"的研讨会，会后出版了英文版文集[①]。进入 90 年代后，对波普尔三个世界理论乃至波普尔哲学的研究逐渐减少，《哲学研究》等主要哲学类刊物几乎再没有发表过研究波普尔的文章。

由于三个世界理论触及哲学的基本问题，因而从被介绍引进之初就在我国学界引起争论。

黄顺基、刘大椿等人确认波普尔所说的世界 3 的客观实在性，"世界 3 是以物质和精神作为它的前提的，是在人类活动的基础上形成与

---

① W. H. Newton-Smith & Jiang Tianji（ed.），*Popper in China*，Routledge，London and New York，1992.

发展起来的。它有物质载体，但又不同于物质；它是精神产品，但又不同于精神。"因而，对世界 3 的讨论和研究是哲学基本问题的必然发展。作者把波普尔哲学看作是知识进步特别是科学技术进步的反映，指出，在第二次科学技术革命的背景下，波普尔"明确地提出了世界 3 的存在，把它和世界 1 及世界 2 相并列，认为'它们是改变世界 1 的有力工具'。这些新提法反映了时代的要求，也反映了当代的科学进步与技术进步的巨大力量"。然而，黄顺基等人的文章并没有具体阐明世界 3 的提出与科学技术发展之间的必然联系。在肯定世界 3 是客观实在的基础上，该文进一步肯定波普尔的世界 2 是世界 3 和世界 1 之间中间桥梁的结论，引申出世界 3 对于实践活动的积极意义，"世界 3 是认识过程中一个极为重要的因素，它是人们实践活动中一个必不可少的中间环节"，"实践是离不开世界 3 的"[①]。

在一篇商榷文章里，作者任鹰否认世界 3 是独立于物质和精神的客观实在，"世界 3 是不存在的。人类文化（在其作为社会意识形态的意义上）是人类对于客观物质世界的主观反映。它的来源是物质的，而它作为客观物质世界的反应是精神的"。该文不承认意识与知识的区别，指出，"当波普尔把客观知识的世界 3 与心理状态的世界 2 相区别时，事实上区别的是意识的两种存在形式——客观意识和主观意识。……波普尔似乎忘记了这样一个事实，科学理论的存在是与物质存在有所不同的，它以编码的方式存在于人类的语言符号系统中，这个符号系统在一定意义上是作为思维的工具延伸了人脑，正像

[①] 黄顺基、刘大椿、李辉：《哲学基本问题和波普尔的"三个世界"》，《哲学研究》1981 年第 11 期。

机器等劳动工具延伸了人的肢体一样"。因此,"认为波普尔明确提出了世界 3,因而改变了哲学基本问题的'形式',……是不能使人接受的"。其实,这一段指责波普尔的话并不恰当,波普尔十分清楚编码形式的存在物与物质实在的区别,并且有过详细的讨论。当然,作者也承认,对这一问题的研究还是有认识论意义的,科学技术进步也的确提出了新的问题,需要研究。[1] 他似乎反对的是波普尔及其支持者从本体论角度上展开讨论。

另一位作者张卓民也著文[2]对波普尔的三个世界理论进行了评述,他的见解介乎于上述两位作者之间,回避了"哲学基本问题"的提法,同时承认波普尔所说的既不属于物质、又不属于精神的"第三态"现象的存在,对波普尔和艾克尔斯的脑——意识相互作用理论、波普尔的知识增长理论、证伪原则持肯定态度,但最终还是把波普(尔)归于唯心主义传统中去。

此外,纪树立在《文化世界与世界 3》[3] 一文中,对波普尔世界 3 是文化的世界的观点提出质疑,指出文化的世界不仅仅是世界 3,而是三个世界的总体合成。波普尔的三个世界不可能涵盖整个文化世界,波普尔主义是有局限性的。

在以上争论中,各方在争论的几个具体问题上的讨论中还是有共

---

[1] 任鹰:《论哲学基本问题和波普尔的"三个世界"——与黄顺基等同志商榷》,《哲学研究》1983 年第 3 期。

[2] 张卓民:《波普的"世界 1·2·3"理论评介》,《哲学研究》1981 年第 2 期。

[3] Ji Shuli, "The Worlds of Cultures and World 3, A Discussion of Popper's Theory of Three Worlds", in *Popper in China*, W. H. Newton-Smith and Jiang Tianji (ed.), Routledge, London and New York, 1992, pp.109–124.

同点的。第一，人类精神活动的产品是有客观性的；第二，精神产品需要物质载体，即需要世界1；第三，这些产品是某种编码，也就是说，它具有语言或语义结构，彼此之间有形态上的区别；第四，对有关问题的讨论至少有认识论意义；第五，科学技术的发展对于哲学基本问题研究的确提出了一些新的问题，要求加以解决或作出解释。

这些共同点可供我们在信息时代讨论世界3问题时参考。

应当指出的是，波普尔哲学在整个20世纪西方哲学中并不处于主流，虽然他有很大影响。波普尔的三个世界理论在他的全部哲学论述中也不占据显要地位。国际国内学界对波普尔哲学的评述也多不以其三个世界理论为主，有的甚至干脆置之不理。比较之下，能比较公允对待波普尔三个世界理论的，似乎是我国的哲学界。在众多涉及波普尔的哲学论著中，以武汉大学江天冀教授对波普尔哲学和三个世界理论的评价最为公允精辟，所论见其著作《当代西方科学哲学》中涉及波普尔的篇章。

江天冀认为波普尔三个世界理论是一种形而上学理论，世界3是出于波普尔的科学哲学纲领要合理重建知识增长过程的需要而设定的。"在《客观知识》中被详尽阐明的（知识的）进化论思想，由于有了第三世界的学说，便可以保持同认识论与方法论的规范性不矛盾。因为科学的进化是在第三世界中发生的，波普似乎可以自由地把认识论和方法论包摄于进化过程之下，同时却令其保持作为规范学说所特有的不受科学内容变化影响的独立性和永恒性。换句话说，认识论原则和方法论规则处于第三世界之中，对于在第一性世界和第二性世界中发生的科学研究、科学活动来说，它们却成为超历史的、放诸一切时代而皆准的不变的标准。"①的确，波普尔自己就强调，"在我看来，知识的理论问题是哲学的核心，既包括未经批判的一般常识，也包括学院派的哲学。这些问题甚至对于伦理学问题也起着决定性的作用"②。于是，三个世界理论，特别是其中的世界3，就成了知识理论的工具。

　　然而，我们完全可以不受波普尔哲学的局限，而从本体论意义上去理解波普尔的三个世界理论。世界3是对于哲学基本问题的发展，其存在性有合理成分。波普尔哲学的基本意图是给出知识特别是科学知识增长的理论解释，世界3假设为这种解释所必须，而这种解释又是成功的，那么，我们有充分理由认真对待在物质和精神之外的第三种存在物。特别是，波普尔在提倡他的三个世界理论的同时，并不反对世界的本原是物质，他说过，最早出现的是世界1，经过漫长的演化时期，世界2才从世界1中产生出来，之后才有世界3，世界3的出现改变了自然界的进化方向③。在这一点上他与一元论唯物主义并没有原则分歧。三个世界理论的现时代意义在于，它是一个比较完整的知识理论，突出了人类知识对于人类文明的积极意义。世界3，在突出强调信息化和知识经济的今天，其现实意义，远不止于是波普尔哲学的一个理论工具，它之超越波普尔哲学，如同世界3超越它的创造者世界2。

---

① 江天冀：《当代西方科学哲学》，中国社会科学出版社1984年版，第102—103页。

② Karl Popper, "How I See Philosophy", in *Search of a Better World, Lectures and Essays from Thirty Years*, ed. by Karl Popper, translated by Laura J. Bennett, with additional material by Melitta Mew, translation revised by Sir Karl Popper and Melitta Mew, Routledge, 1992, p.182.

③ Karl Popper and John C. Eccles, *The Self and its Brain*, Springer International, 1977, p.11.

第四节　面临新时代挑战的世界 3

一个哲学概念或理论是否有生命力，也要看它对于世界的解释能力、理论与概念的开放程度和对新事物的包容性。周培源先生曾说过，新理论不但要说明旧理论已经说明的自然现象，还要说明旧理论不能说明的现象，而且还要预言现在还没有观察到的新现象，具备这样三个条件的新理论才有意义①。

波普尔的三个世界理论指出了一种独立于物质和精神之外的存在物，他关于这种存在物的存在性证明令人信服，他还运用这一理论解释知识进化和科学发展问题。我国学界在 20 世纪 80 年代初有关波普尔三个世界理论的争论，受到历史局限性的影响而未能充分展开。在当时，科学技术的发展，特别是我国的科学技术的发展，并没有使哲学界充分意识到独立于物质和精神之外的第三种存在物的力量，理论上并没有充分迫切的需要。同时，也有必要指出，当时引进的有关波普尔的文献并不全面，我国学界熟悉波普尔的几部重要著作，但是他在许多重要场合发表的关于三个世界理论的演讲很少得到介绍。时至今日，还有许多波普尔的文献并不为我国学界所熟悉。在这样的背景下，少数前卫的理论工作者的见解遭遇到抵触不足为奇。就连波普尔本人在当时也没有对未来的信息科技带来的变化有充分的估计。

---

① 转引自孙小礼：《为着科学，为着教育，为着和平》，载国际流体力学和理论物理科学讨论会组织委员会编：《科学巨匠，师表流芳》，中国科学技术出版社 1992 年版，第 168 页。

经过近 30 年的发展，科学技术、经济的发展又进入了一个新的时代，我国学界对于西方 20 世纪学术和思想的吸收、引进也有了比较丰富的经验，批判鉴别能力也有很大提高。从信息时代的立场看，有关波普尔三个世界理论合理与否的争论虽然没有充分展开，但是这一争论应当说已经有了结果。这不是学术争论的结果，而是科学技术发展所带来的新认识，它使我们有可能用新的眼光来审视三个世界理论。

70 年代以来，波普尔意义上的三个世界都有了巨大发展和变化，特别是在波普尔晚年的 90 年代，他所定义的世界 3 已经随着日新月异的电子技术、计算机技术和网络技术的迅猛发展而变得范围更大、内容更多、形式更复杂，数字化信息、数字化生存、赛伯空间、虚拟现实、知识经济等新情况出现，近年更有大数据、机器学习、人工智能、"互联网+"、5G 网络应用等新进展狂飙冒进，这正在并且将要彻底改变人类的生存方式和文明的发展方向。世界 3 不仅是不容忽视的客观实在，而且相对于世界 1 和世界 2 的关系又有了新的情况出现。虽然波普尔本人反对哲学是所谓时代精神的体现，认为哲学只应当追求真理而不是时尚，反对哲学是一种为了解决可能在最近或较远的未来出现的问题打下基础或者提供概念而作出的努力[1]，但是他本人并没有断然排除这种情况出现的可能性。今天，我们似乎正好观察到这种情况的出现，波普尔提出的三个世界理论适应了一种时尚——信息

---

[1] Karl Popper, "How I See Philosophy", in *Search of a Better World, Lectures and Essays from Thirty Years*, ed. by Karl Popper, translated by Laura J. Bennett, with additional material by Melitta Mew, translation revised by Sir Karl Popper and Melitta Mew, Routledge, 1992, p.179.

化时代的时尚，并且为理解这一时代提供概念和打下基础。

　　波普尔的三个世界理论再次激发学界想象力，例如，就在波普尔去世（1994 年）的第二年，孙小礼和刘华杰就在国内最早指出[1]，近年备受关注的"虚拟世界"（虚拟现实）与波普尔的世界 3 有相像之处；在 1998 年举行的世界哲学大会上，有论者就虚拟现实与世界 3 的关系进行了有新意的研究，论者 J. 伍尔策撰文指出，用波普尔的三个世界理论有可能理解我们当前在信息化进程中遇到的新问题，"从科学的背景（context）上看，计算机的虚拟现实显然就是世界 3"，他进一步举出实例证明，"世界 3 直接影响了世界 1。波普尔原先的世界 1、2 和 3 的线性关系变成了一个循环"[2]。尽管伍尔策并没有完全展开他的论述，他将虚拟现实与世界 3 直接等同的做法并不合理，他举出的实例也未必恰当，但是这表明了一项理论进展，也反映了时代对于哲学理论提出需求，而波普尔的三个世界理论似乎能够满足这种需求。遗憾的是，我国哲学界对于这次哲学大会并没有作出反应，甚至没有派出人员与会。

　　可以肯定的是，波普尔的三个世界理论是一个富于启发性的理论，确有其合理成分，有可能能够回答波普尔所在的时代以及他之后的时代向哲学所提出的问题，因而是个有生命力的哲学理论。但是，波普尔的理论并不能直接用来解释信息时代的世界和存在物，它还需

---

[1]　孙小礼、刘华杰：《计算机信息网络给我们带来什么?》，《北京大学学报》（哲学社会科学版）1997 年第 5 期。

[2]　Jörg Wurzer, "The Win of the Sign Over the Signed: Philosophy for a Society in this Day and Age of Virtual Reality"，第 20 届世界哲学大会论文，1998 年，http://www.bu.edu/wcp/。

要改造和修正以适应新的形势。一旦它获得了新的适当的修正和能够包容新情况的表述，它十分有希望成为理解信息时代的有用的哲学工具。

第二章

改造波普尔的世界 3

三个世界理论的核心是世界 3。根据波普尔的原意，世界 3 的主要成员是人类知识，特别是科学技术知识。世界 3 尤其是波普尔的广义世界 3 的开放性能够向后包容人类在科学技术领域不断发展的新知识，正因为如此，波普尔的三个世界理论才有可能进入信息时代的视野，尽管波普尔最初提出三个世界理论时并不是以解释信息化问题为初衷。

但是，波普尔把许多本应属于世界 1 的人造物体也划归世界 3，容易引起混乱。笔者倾向于认为，正是由于波普尔没有把世界 3 与世界 1 作出明确的划分，导致他的三个世界理论的解释能力大打折扣。因此在我们的讨论中，必须重新界定世界 3，使之与世界 1 之间有明确的界限。笔者认为，就我们已经进行过的讨论而言，可以对世界 3 作出新的定义如下：

世界 3 是那些不体现为物质实体的客体，是人类的纯知识或精神活动的产品，它以采取某种编码为其主要存在形式。

这样的定义强调了世界 3 的抽象性和对于物质实体的依赖性，同时又与波普尔意义上的世界 1（包括自然和人工自然）有着明确的界限。它回避了波普尔过于强调世界 3 的人造特性而陷于与人工自然相混同的被动局面。同时，这一定义明确了世界 3 的编码特征（当然是广义的，例如，语言本身就是一种编码，同时也是编码工具），这为在信息时代重新考虑世界 3 问题打开了门径，具有明显的开放性特征。

信息化浪潮和数字化生存是现时代的主题之一，信息时代的技术基础是数字化技术。已有许多论者指出，数字化的信息构成了所谓赛伯空间，应当对它展开包括哲学在内的多方面、多角度研究。世纪之交前后几年，有关理论问题在经济学界、产业界、社会学界和文化学领域已引起热烈讨论，有关研究大多集中于对于未来社会组织形态、人类生活方式和经济运行机制的憧憬。哲学界也开展了一些研究，主要集中于网络伦理问题和认知关系研究。总的来说理论上的进展还十分有限，实际上迄今为止理论界还没有对赛伯空间概念所可能带来的哲学基本问题给予足够重视，重要的学术期刊文献中还很少有这方面的研究论述。

本书认为，首要的问题是应当先解决好数字化信息（赛伯空间）的存在性地位问题。这个问题不容回避。实际上，早在网络化进入我们的视野之前很久，赛伯空间就已经广泛地存在于许许多多各自分离的电子计算机中了，只是一直没有或者很少进入哲学学科的视野而已。到今天，计算机和网络的广泛运用，对社会生活、经济运行、科学和学术研究都产生了极大影响，赛伯空间是摆在每一个人面前的现实存在，需要从哲学上对它加以解释。波普尔的三个世界理论，可以用来进行有关分析处理。而我们首先遇到的，就是有关信息的问题，这也是哲学研究的重要问题之一，这个问题的澄清，对社会科学其他领域的有关研究应当也会有所助益。

第一节　世界 3 视野中的信息

在信息时代考虑世界 3 问题，首先遇到的问题就是怎样看待信息概念。信息既不是物质，也不是精神，它只是精神活动所创造的产品，因而最容易使人认为它属于波普尔的世界 3。我们首先需要讨论信息与世界 3 之间的关系和区别。

关于信息的争论

信息一词可以说是使用最广同时又言人人殊的概念，据统计，其定义有数十种之多[①]。

对信息概念进行定义似乎十分困难，著名的申农（Claude E.

---

① 王雨田主编：《控制论、信息论、系统科学与哲学》，中国人民大学出版社 1986 年版，第 285 页。

Shannon，1916—　）信息度量公式实际上回避了正面定义，他只把信息作为一个物理量加以测度，用可操作的具体度量代替了难以把握的从内容方面对信息进行定义，并给出了度量公式[1]。

由于信息问题与人的精神活动密切相关，而科学上又没有严格定义，这给哲学上的讨论留下极大的空间。

在几乎整个20世纪80年代里，曾兴起研究"三论"（控制论、信息论、系统论）热潮，我国学界相当广泛地译介、述评、研究有关信息问题的著作文献，并发表、出版了大量文章著述。学界也曾就信息是否哲学范畴问题展开过讨论[2]，但是在哲学上并无一致意见。

有些学者在研究的内容和见解上能够趋近三个世界理论。例如，比较有代表性的见解是，信息不是一切事物都具有的普遍属性；不是事物的组织性、有序性的表征；不是负熵；不是事物间在时间、空间、能量分布上的差异和不均匀性；不能笼统地说信息是物质的一种存在形式。信息只是一类特殊事物，是信息系统的特殊运动和联系方式，它只存在于信息系统之中；而信息系统由信源、信道和信宿构成；其中信宿是一个系统能否被称为信息系统的关键因素，信宿必须是具有目的和"价值观念"（广义的）的生命体、自组织系统（自复制系统）等。信息具有三大特征：目的性、系统性和动态性。信息的

---

[1]　王雨田主编：《控制论、信息论、系统科学与哲学》，中国人民大学出版社1986年版，第286页。

[2]　查汝强：《自然辩证法范畴体系设想》，《中国社会科学》1985年第5期；钟学富：《信息概念能作为哲学范畴吗?》，《哲学研究》1986年第6期。

基本功能就是消除信宿关于信源的不确定性，这种不确定性至少包括统计、语义（内容）、语用（价值）等三个方面。因此，在把信息概念作推广时有一定限度。①

因此，说信息有人工与自然之分，自然信息不是人工产物，但也是信息，是错误的。这种观点认为，并不存在所谓的自然信息，而只有自然运动，宇宙中充满自然运动，只有那些被人认识到、又经过人的精神加工的才能成为信息。这样的见解，对于考虑信息与世界 3 的关系问题具有重要意义，它突出了信息是人类的精神创造的特性，这无疑十分正确。但是，完全否认自然信息的存在，似乎失之过于武断，例如，DNA 的遗传信息应当是不容否定的事实，在分子水平以下解释为化学作用是可以的，但对于整个生命体而言，只能把它看作是特定编码的信息。此外，在信宿需要有价值观念问题上，我们也不能完全苟同，因为这完全排除了价值中立的自动收信机作为有效的信宿的可能性，与现代通信系统得到的认识明显不符。这种见解，是以社会中的人为中心取向的。这样的见解并非没有价值，但难免以偏概全。

有学者指出②，前述"信息的价值"的提法有问题。价值由信息的内容决定，而不可能是价值决定信息。可以说，这纠正了前述观点的偏差，坚持信息科学技术的价值中立性。这种见解还进一步提出更有重要性的问题：研究信息问题，要考虑信息的载体，大脑作为信息的载体之一种，在信息的产生、传递和接收过程中起重要作用，不能忽

① 陈忠：《信息究竟是什么?》，《哲学研究》1984 年第 11 期。
② 钟学富：《信息概念的哲学分析——兼与陈忠同志商榷》，《哲学研究》1985 年第 5 期。

视。笔者对此深以为然，将在第三章作分析讨论。

需要指出的是，后一种见解虽然指出前一种见解的局限与不足，即信息的价值只能由其内容来决定，而不是价值决定信息的内容，但是问题又被引回了哲学和科学都无法处理的老路上，即怎样评估信息内容的价值。这是老问题了，一直没有找到公认合适的解决办法，其实当年申农就是通过定义信息量的办法才成功地避开这个问题而有效推进了有关问题的研究。可以说，自申农以来，关于信息定义及有关的有效研究进展并不大，我们至今仍束手无策于通过信息内容的研究来界定甄别信息的价值。

让我们尝试一下通过对信息的分类和结构研究做一些稍微深入的讨论。所幸的是，在这方面已经有了一些进展。

信息的定义与分类

信息问题显然与波普尔的世界 3 有某种关联，但又不能简单等同。在 1998 年举行的第 20 届世界哲学大会上，安德列赛·谢米列基（Andrzej Chmielecki）在"什么是信息？"（What is Information?）[①] 一文中，试图对信息的界定和分类问题给出一个总体的"解决方案"。他指出，在当代哲学和认知科学中有一个困难的局面，广泛使用的信息概念，要么没有作过定义，要么使用的是申农的定义。使用申农的定义，只能对信息量作出分析，而根本无法适应考虑信息的内容的研究

---

①   Andrzej Chmielecki, "What is Information?"，第 20 届世界哲学大会论文，1998 年，http://www.bu.edu/wcp。

要求。作者系统研究了现存的各种信息系统，从生命系统到电子计算机，认为，根据信息系统产生和处理信息的能力，应分别对系统和信息作出分类。从生命体到计算机，根据其在进化序列中的位置，其所能产生和处理的信息的复杂程度有所不同。

谢米列基指出，信息首先在认识论上是一种客观实在，它不是质量、不是能量、没有空间延展（spatial extension），既看不见，也不能触摸和用嗅觉感知，但它还是客观实在。它在本质上是差异（difference），表示不同的事物——气体、液体、固体——有不同的结构和特性，受到不同的物理力的作用。差异不是实体，又是实在的，不论它是否被感知。差异是一种关系，一种物理实体及其特性之间的非等同的关系。差异是一种非实体，它可以通过某些作用加以改变，但又不能直接作用于它自身之上。

对于一个信息系统而言，最重要的是探测（detect）或感知到差异的存在。"差异"和"探测"乃是信息问题研究中的两个关键词。粗略地说，信息就是探测（到）差异。信息的定义公式是：

信息＝系统内某处所探测到的用空间编码（允许重复）形式表达的一系列差异总成（repertoire's collection）。

据此，信息是一种抽象实体，它不能完全独立存在，因为它必须用不同的事物或事物的不同状态来表现，这种表现的方式就是它的编码。同一个信息可以有多种编码形式，如同一首乐曲既可以录制在磁带上，也可以制作在光盘中。

该作者认为，所有的信息都由码符（code）组成，一个码符就是最简单的信息。信息依其复杂程度可分为三类：类信息（parainformation）、结构信息（constructive information）和元信息（metainformation）。

类信息是一个码符的序列，表达像"有"和"无"那样的简单情况，发生在生物细胞水平上，也发生在植物、某些简单的电子设备中，如自动门、电梯等。

结构信息表达较复杂的内容，由多个类信息组合而成。在像具备中枢神经系统的昆虫、没有存储记忆单元的信息处理机中，既有类信息，又有结构信息。

高等动物、电子计算机等信息处理"机器"具有把先前收到的信息与随后收到的信息相混合、叠加的能力，即既具备某种记忆能力，又具备处理能力，由此产生的信息就是元信息。对于信息处理机而言，处理这种类型的信息，需要具备动态随读存储器（RAM），对于人类而言，需要有负责记忆的大脑细胞。

谢米列基希望这样的信息分类能够对混乱的信息概念局面发挥廓清作用，以统一对于从单细胞到人类和计算机所有的智能系统的操作和行为的认识理解。这一目标能否实现尚可存疑，但是谢米列基提出了一个对于进入世界3范围的信息十分重要的要求：一种可以多重编码的可以记忆存储的信息。显然，按谢米列基的理解，具有内容的元信息是世界3的当然成员，或者说，世界3就是以元信息为客体的世界。实际上，人类知识，必然是这样的多重编码可以记忆的信息，可记忆性使知识和信息有了成为客观存在的可能。其多重编码表现为按语法规则编排、用文字（字母或其他码符）显示出来，也就有了在多种语言之间进行转译的可能。另一方面，信息的处理和传输过程离不开码符，也离不开物质和能量，即信息必须有其载体。在该文的一个注释里，谢米列基指出，信息总是离不开编码的，不存在纯粹的无码符的信息。一旦信息发生了，其背后的物质—能量流也必定相伴随着，也就是说，一定有某种物理过程一同发生。在此，我们看到了世界 3 与世界 1 同时发生变化以及世界 3 与世界 1 密切的相互联系和依赖的情况，然而，这决不意味着，世界 3 与世界 1 可以混为一谈。

谢米列基的论文把可处理信息的最小单元归结为元信息，具有明显的还原论色彩，对信息的编码和处理过程的理解也有物理主义倾向。不过，论文中关于高级信息处理系统和元信息的讨论，要求信息处理机（信息处理者）有记忆能力，这有启发性，它有助于理解波普尔所说的思维主体的主观知识和客观知识问题，也有助于认识人脑和电脑的信息处理方式。

哲学家乔姆斯基（Noam Chomsky）证明[1]，不同语言中的语句结构与人脑的生理结构有类似特征。人类的语言器官包含有两大类规则：生成规则与转换规则。生成规则使句子得以产生它的表面结构，或者把句子分解为几个功能不同的语法结构。转换规则则可以将句子从其表面结构中分离和分解，划分为若干更加简单的句子。把一些简单的规则应用于最"原始"的句子或短语，就足以产生出一个

---

① 转引自 [美] 约翰·L.卡斯蒂：《虚实世界——计算机如何改变科学的疆域》，王千祥、权利宁译，上海科技教育出版社 1998 年版，第 66—70 页。

丰富的语言体系。语言现象——可能还包括其他现象——可以被看作是一系列规则变化的结果，这些规则，在语言学中可以是语法、句法甚至是思考习惯与方式，而在我们的讨论中，则主要关心信息的编码问题。

总结本节讨论内容：波普尔的世界3概念在信息时代得到扩充，在考虑了知识必须以语言文字表达，即以某种或多种编码形式存在，而且必须有物质载体，能够加以存储等要求后，不仅波普尔意义上的客观知识，而且通过计算机等信息处理设备处理过的所有编码信息原则上都属于世界3范围。

第二节　世界3的基本特征：时序无关性

为了进一步讨论波普尔的世界3，需要对波普尔的世界3进行一些修正和发展，并引入几个重要概念。

文本与载体

笔者在研究世界3问题时，曾考虑把世界3进行结构性处理，引入文本和载体概念，以便考察世界3形态的发展和世界3与世界1的相互作用问题。在检阅文献时，发现已有论者从本体诠释学（Onto-Hermeneutics）角度提出了几乎完全相同的概念。肖美丰先生在考察波普尔的世界3概念时，引入了法国哲学家保罗·利科（Paul Ricoeur,

1913— ）的"本文"（the text）概念①。所谓本文，是由"书写"所固定下来的任何"话语"的"作品"，而"话语"则是由若干"句子"构成、又不可还原为孤立句子的有意义的整体②。笔者以为，这可以理解为编码。肖美丰先生指出，第三世界是理解活动的生存空间和活动范围，从诠释学的视角看，诠释学以第三世界为本文世界。诠释主体与本文世界的关系，既是参与的，又是超越的。这一思路有重要启发意义，也与笔者先前的思路相合。它提示我们对世界 3 进行某种结构性处理，这种结构性处理将使得研究文本与物质载体的关系、上文提到的研究世界 3 与世界 1 的相互作用更加方便，同时为引入世界 3 的另一大类新成员——计算机程序——开启方便之门。

笔者以为，在考虑波普尔意义的世界 3 时，可以把它理解为是一种文本（text）。本体诠释学论者称为"本文"的东西，我们更愿意称之为"文本"，这样也比较合乎阅读习惯。我们所说的文本，即波普尔所说的书籍、图书馆等所记录的信息，包括文字、图画以及其他信息载体媒介所运载的信息（电影、雕塑等），它的基本特征是具有一定的语义（意义）结构，是人的精神创造，由前述谢米列基的元信息组成。

但是，文本只是抽象的东西，它需要物质载体。脱离载体的文本是不可想象的，因而世界 3 问题必然与物理载体问题纠缠在一起。载体的重要性不仅仅在于它存储文本，传输文本，还在于它直接影响文

---

① 肖美丰：《"第三世界"与诠释学——波普尔理解思想诠释之一》，载成中英编：《本体与诠释》，生活·读书·新知三联书店 2000 年版，第 349—366 页。

② 朱士群：《本文世界与社会行动——试论利科的诠释策略》，载成中英编：《本体与诠释》，生活·读书·新知三联书店 2000 年版，第 325 页。

本（信息）的存在形态和内容。

我们将在下一章详细考察载体问题。

时序相关性

文本代表了一大类世界 3 成员，即波普尔在其三个世界理论中反复讨论过的那些世界 3 的成员，其共同特点是时序无关性。更准确地说，文本是按特定语法规则沿空间顺序排列的符号表意系统，它通过其物质载体实现与人的感官（主要是视觉器官）的相互作用，唯其如此才能"读"取它的内容。这种时序无关性是相对于世界 1 而言的，它表现在文本与信息处理机器如电子计算机的相互关系中时，使得我们只能用机器对文本的编码形式进行转换，像我们通常所作的那样把一座雕塑拍摄成照片，或者如将计算机中的纯文本文件转换为某种特定格式的文件（doc 文件），或者把一幅图形由 bmp 格式转换为 jpg 压缩格式，而不能对它进行运算执行。换言之，文本只是相对固定成型的知识，不含机器指令，就现代计算机而言，程序的时间序列特征，是程序文本的关键特征之一。

特别需要强调的是，这里讲的文本或世界 3，是波普尔意义上的传统的文本，它在时序相关特征上，与信息时代基于计算机的新时代的文本有很大不同，其基本区别在于时序相关与否。有关讨论将在随后章节展开。

还需要理清的是，即使对于传统的文本，这种时序无关特性，同波普尔曾谈到过的时间无关性有所不同。波普尔谈到过另一种时间无关性，他认为世界 3 客体是时间相关的，涉及的是世界 3 本身随时间（物理时间或世界时间）的进化：

"与自主性问题有点关系而我认为不那么重要的是世界 3 的无时间性（timelessness）问题。如果毫不含糊地表述的陈述此刻是真的，那么它永远是真的，过去也一直是真的；真理是无时间性的（谬误也是如此）。例如矛盾性或不相容性等逻辑关系也没有时间性，这甚至更为明显。

"由于这个理由，很容易认为整个世界 3 是无时间性的，如柏拉图认为他的形式或理念世界无时间性那样。我们只需要假定我们从不发明某一理论，而总是发现它。因此我们有一个无时间性的世界 3，存在在生命出现以前以及一切生命消失以后，这是一个人们对它多少可以作出一些发现的世界。

"这是一个可能存在的观点，但我不喜欢它。……

"我提出一个不同的观点——我已发现这是一个卓有成效的观点。我认为世界 3 基本上是人类精神的产物。正是我们创造了世界 3 的对象。……

"因此我把世界 3 看作是人类活动的一种产物，它对我们的反作用与我们物理环境对我们的反作用一样大，甚至更大。在所有人类活动中有一种反馈作用：在行动中我们总是间接地作用于我们自身。

"更确切地说，我认为问题、理论和批判论证是人类语言进化的一个结果，并且反过来对这种进化起作用。

"这同真理和逻辑关系的无时间性是完全相容的；并且它使世界 3 的实在性成为可以理解的了。"①

可以看出，波普尔反对世界 3 是时间无关的，但是他所指的是世界 3 的进化，指的是知识伴随着人类不断的精神活动而增长，与我们所感兴趣的文本的时序特征完全不同。我们感兴趣的时序特征，其所指的时间序列，是机器时间，机器中的程序序列，区别于波普尔意义上的物理时间或世界时间。

由于存在着时序无关性，传统文本与载体和信息处理机的关系比较单纯：载体对它只进行存储和传输，而信息处理机只对它进行格式（编码形式）转换。正因为如此，如波普尔所认识到并且一贯坚持的那样，文本（波普尔的世界 3）不可能与世界 1 发生直接的相互作用，如果发生了相互作用的话，一定是有世界 2 即人的精神作用居间与事。

第三节　时序相关的世界 3：计算机程序

计算机程序：一种特殊的文本

程序是信息时代新添加进世界 3 的成员，它的内容是一系列向机器和其他信息处理机下达的运行指令，它的"文字"是二进制编码码

---

① Karl Popper, *Unended Quest, An Intellectual Autobiography*, Routledge, London, reprinted 1993, pp.185–186.

符，遵守的语法是某种编程语言的规则，这种语言把人类熟知的自然语言转换为计算机能够懂得的机器码语言，使之能够得到机器的执行。程序也采取"文本"的形态，完全可以以特定的字符记录在传统的纸张载体上。它与普通的文本（波普尔意义的）最大的区别在于，它是时间相关的，程序文本中包含有重要的执行指令，能够被机器（电子计算机）读取、"理解"并且执行。

波普尔论程序

波普尔本人在 20 世纪 60 年代初提出世界 3 时，尚未能对计算机问题予以重视，只是把它当作与书本相似的知识载体："例如，一台电子计算机可以出版和印刷一套对数手册。"[1] 到晚年时他逐渐认识到计算机应用会产生出新的问题，曾经谈到过计算机及其程序。他甚至承认计算机程序属于世界 3，他说：

> "不仅地图和计划是世界 3 客体，行动计划也是，这可能包括计算机程序。所有这些世界 3 客体的特点都在于，它们可以通过批判而得到改进。它们的特征在于，批判可能是抱合作态度的，可能来自同原有观念毫无关系的人们。"[2]

---

[1] Karl Popper, *Objective Knowledge: An Evolutionary Approach*, Oxford University Press, 1983, p.115.

[2] Karl Popper, "Three Worlds", in *The Tanner Lectures on Human Values*, ed. by Sterling M. McMurrin, University of Utah Press, Salt Lake City, 1980, p.163.

十分可惜，波普尔并没有就此进行深入的分析讨论。我们很希望能从他那里得到更多的启发。

波普尔对计算机程序有其自己的理解。他说：

> "动物的行为像计算机的行为那样是有程序的，但又不像计算机，动物是自我编制程序的。我们可以假定，根本的遗传上的自我编序被规定在编了码的 DNA 带上，也有获得性程序，由于培养所致的程序；但是什么可能获得，什么不能获得——可能获得的编码——是它自身按照基本的遗传上的自我编序的形式制定的，这种编序甚至可以决定构成获得性的几率或者倾向。"[①]

的确，动物不同于计算机，计算机不会自己编写程序，计算机需要人们事先为它编写好程序。当波普尔这样说的时候，他似乎接近了信息时代对世界 3 问题新理解的边缘，但是，当他说出下面一段话时，他显然又不太了解计算机和计算机程序。

他谈到世界 2 在世界 3 对世界 1 发挥影响时所起的关键性中介作用，举出狭义相对论影响原子弹制造的例子，他说：

> "有些人认为计算机也可以做到这一点，因为它可以算出一种理论的逻辑结果。如果我们已经建造了计算机，并且通过我们思考出来计算机程序来对它们发出指令的话，它们无疑是算得

---

① ［英］波普尔：《自然选择和精神的出现》，张乃烈译，《自然科学哲学问题》1980 年第 1 期。

出的。"①

　　在波普尔看来，计算机与所有机器一样，就其执行人的意图而言，是按人们预先规定好的所有行动步骤亦步亦趋地加以执行的，这在某种意义上是对的，但是，波普尔只看到了问题的一个方面；在另一方面，即程序与机器的关系上，这段话对波普尔的帮助似乎是相反的，当计算机程序被人按照某种意图编写出来后，它已经是世界 3 的成员了，它完全可以以一种标准的文本形态呈现在波普尔和所有人的面前，供人们改进、批判，不论这种批判的动机是恶意的还是抱合作态度的。而当这样的"文本"存储到磁盘上输入计算机后，就会出现波普尔断然否认的情况：它会操纵和控制计算机运行，世界 1 会因为受到程序的支配而动作，使得我们的意图"算得出"。在这里，并不是世界 3 作用于人，人再作用于机器；而是相反，是人作用于世界 3，而世界 3 再作用于世界 1。在信息技术进一步发展而产生的虚拟现实里，这种情况将更加明显，更加有说服力。

时序相关：程序的特点和意义

　　计算机程序是按特定的编程语言编写的既能体现人的意图，又能为机器所理解并且加以执行的特殊文本，它符合波普尔定义的世界 3 的所有条件，但是增加了时序特征，使之能够在严格按时间序列运行

────────────────

① Karl Popper, "Three Worlds", in *The Tanner Lectures on Human Values*, ed. by Sterling M. McMurrin, University of Utah Press, Salt Lake City, 1980, p.164.

的机器上得到执行。它不仅包括思想的内容，还包括某种过程——信息处理的过程。世界3添加了程序成员，它的地位立即发生了重要变化。这种变化最终改变了波普尔关于世界3的重要结论，也改变了世界3的本体论地位。

然而，尽管我们在一定程度上强调了世界3的动态特性，但不能把它推向极端。在数字化世界里，文本只是一系列的0和1的编码，它们之所以获得意义，关键有两个：一是符合某种编程规则，它们与其他文字符号之遵从某种语法规则而获得语义并没有本质区别；二是它们的能动性来源于计算机的驱动，如果在此方向上追根穷底，能动的根源在于计算机中央处理器之中的晶体振荡器。在此意义上，数字化信息存在的基本特征与此前的模拟信号相比，并没有本质的改变。例如电影，活动画面只是在电机驱动下一连串静止画面逐次显示所得到的视觉效应。电视画面与此相类似，但是它的每一幅静止画面由更高速的点和线扫描来实现，而电脑中实现动画包括立体动画在技术原理上与电视几乎完全一致。因此我们说，世界3只有形态上的变化，是载体以及相关的信息处理技术改变了它们自身与世界1和世界3的相互作用关系。

程序的特点是动态的，它在适当载体和信息处理技术支持下会直接作用于世界1，是一种既有空间结构，又有时序结构的特殊的人类知识产物，在信息技术领域称为"软件"。考虑对于计算机至关重要的程序——操作系统：一台"裸机"（不带任何软件的计算机）只能属于世界1，它根本不可能运行，只有在安装了操作系统后，它才能正常运行，完成人们需要它做的工作。如果仅就其源代码而言，操作系统对人展现为类似于传统的具有某种语义的文本，但是对于机器而

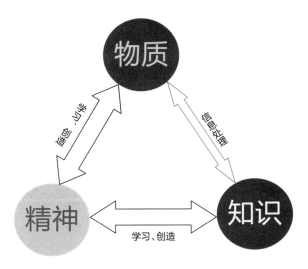

修正之后的三个世界关系图

言，它是以二进制编码写成、具有时序结构的操作指令，它完全控制机器的运行状态。

　　程序成为世界 3 的成员，加之文本的数字化，使得世界 3 由波普尔所认识的那种静态世界变化成动态的，这为它与世界 1 的直接互动创造了条件。

第四节　编码与世界 3 的地位①

　　卡尔·波普尔世界 3 的存在性受到的质疑并不多见，然而人们对他的三个世界理论兴趣也谈不上盎然。在波普尔自己的学说中，世

---

①　本节主要内容以相同标题刊发在贾高建主编：《哲学与社会》第 4 辑，中国时代经济出版社 2011 年版，第 81—91 页。

界 3 主要服务于其知识增长理论。许多论者并不十分重视波普尔的三个世界理论，盖因其解释力有限，其三个世界呈现出一幅静态关系图景。本文认为在世界 3 的诸多特性中，其编码特性最值得关注，试图从世界 3 的编码特性入手讨论这一概念。世界 3 的这种编码特性，使得它在信息时代有可能被赋予新的特征和功能，进而改变它在三个世界静态关系图景中的地位，它与世界 1 与世界 2 的关系转变为动态的，最终使得三个世界的关系由原先的静态关系转变并呈现出可以相互作用的动态图景，而这一转变对于从哲学上认识我们所处的信息时代和社会十分重要。

世界 3 及其存在形态

波普尔意义的世界 3，可以理解为是一种文本（text）。在这里，文本即波普尔所说的书籍、图书馆等所记录的信息，包括文字、图画以及其他信息载体媒介所运载的信息（电影、雕塑等），它的基本特征是具有一定的语义（意义）结构，是人的精神创造出的产品。究其适用范围而言，世界 3 似乎要大于文本。

然而，文本只是抽象的东西，它需要物质载体。脱离载体的文本是不可想象的，因而世界 3 问题必然与物理载体问题纠缠在一起。载体的重要性不仅在于它存储文本、传输文本，还在于它直接影响文本（信息）的存在形态和内容。

载体问题涉及更多更复杂的情况，本文暂不拟过多涉及，还是集中讨论文本和世界 3 问题。

文本之所以能够得到载体的承载，前提是能够被编码。同样，文本能够生成、能够得到存储和传播、能够得到接收和理解、能够得到处理和形式转换，其可以被编码也同样是基本前提。可以断言，不存在没有编码的文本。文本之所以重要，正在于它是得到编码了的，可以表达或记录某种意义（内容或思想），即使不考虑它拥有像在波普尔理论中十分重要的世界 3 那样的客观性地位。

编码的形式是多样的，一般而言，所谓本文，是由"书写"所固定下来的任何"话语"的"作品"，而"话语"则是由若干"句子"构成、又不可还原为孤立句子的有意义的整体①。笔者以为，这可以理解为编码之一种。有学者指出，第三世界是理解活动的生存空间和活动范围，从诠释学的视角看，诠释学以第三世界为本文世界。②

无论是从学理上看，还是从实际情况看，文本总是以编码形态存在于载体上，没有例外。这与世界 3 情况完全类似。波普尔的重要功绩在于，他论证了并反复宣讲世界 3 的客观实在性，也谈论过世界 3 的诸多成员和形色各异的存在形态，但是他没有能够就世界 3 的编码形态进行全面细致的讨论。实际上，人类的精神活动，其成果（产品）一定需要以某种形式表达或记载，可以是语言、文字、图画、肢体动作，也可以是不能为人类感官直接感知的电磁信号、数字化编码。而关注人类精神活动的编码（表达）问题，文本概念被世界 3 取

① 朱士群：《本文世界与社会行动——试论利科的诠释策略》，载成中英编：《本体与诠释》，生活·读书·新知三联书店 2000 年版，第 325 页。
② 肖美丰：《"第三世界"与诠释学——波普尔理解思想诠释之一》，载成中英编：《本体与诠释》，生活·读书·新知三联书店 2000 年版，第 349—366 页。

代具有更加广泛、更加普适的意义。

波普尔关注过世界 3 的实在性，也关注过世界 3 内容的"可翻译"特性，世界 3 可以在不同语言（编码）形态之间进行翻译而不影响其内容，这正是世界 3 的客观实在性的基础。显然，有关编码问题，还可以做更加深入一些的讨论。

关于编码的理解与争辩

世界 3 的一个重要特性是它的存在性和内容实质与它的存在形式无关。从信息技术背景来看，就是信息内容与信息编码无关，因而同一信息内容可以采用多种编码形式或者在多种编码形式之间进行转换。波普尔曾在多个场合谈论过广播和电视内容，认为它们也是世界 3 成员，这意味着，人的精神产品的一种，例如演讲或歌唱，经过话筒（拾音器）接受转换为电信号，再经过电子设备（录音机）处理录制到磁带上，也算是完成了编码过程而加入文本（详见下文）行列。在波普尔看来，知识的内容是客观的，而其编码采取什么样的形式不影响内容的实质和客观性。波普尔说：

"我们不能想象一个把握和解释世界 3 状态本身——不是在它的也许是无限多的物理编码（physical coding）中，而是问题本身，在它的一种逻辑上必不可少的形式中——的世界 2 吗？事实上这正是我的推测：这就是正在发生的事。世界 2，理解力的世界，可以把握（很困难）世界 3 问题，而世界 2 和脑之间的联结也许在这种行动中起作用或者根本不起作用，或者——更可能地——起着一种类似录音机的作用，在声音已产生后明确地把声音编码（encodes）。"①

波普尔的这一段话曾遭到哲学家奥希厄的批评。后者认为，"这里谈到的译码是未经证明的假定。一部录音机在声音已经产生后把声音译码，但声音已经是物理的，容易被译码或录音。这里发生的整个问题是因为世界 3 对象并不在某种物理形式中，那么它如何能够活化脑把它译码为语言呢？一部译码机或录音机需要物理的输入，这种输入然后译为其他某种形式。这里的问题是输入的问题，一个问题或一个理论不在某种'也许是无限多的物理编码'中如何能被鉴定或理解，更不用说译码了"②。

奥希厄在批评波普尔时，正确地指出波普尔没有讲清楚人脑中是如何把思想编码为语言的。波普尔的原文讲的是编码，英文为 encode，翻译成中文时被当作"译码"，不妥。奥希厄这篇文章的英文原文没有找到，我们有理由猜测，奥希厄说的"它（世界 3）如何能够活化脑把它译码为语言"中，"译码"一词亦当为"编码"之误③，

---

① Karl Popper, "Replies to my Critics, 21. Eccles on World 3", in *The Philosophy of Karl Popper*, ed. by Paul Arthur Schilpp, The Open Court Publishing Co., 1974, p.1052. 参考译文：[德] A. 奥希厄：《波普尔的柏拉图主义》，邱仁宗译，载中国社会科学院哲学所自然辩证法室情报所第三室：《第十六届世界哲学会议文集》，中国社会科学出版社 1984 年版，第 339 页。

② [德] A. 奥希厄：《波普尔的柏拉图主义》，邱仁宗译，载中国社会科学院哲学所自然辩证法室情报所第三室：《第十六届世界哲学会议文集》，中国社会科学出版社 1984 年版，第 339—340 页。

③ 从 A. 奥希厄写的另一部专门评述波普尔哲学的著作中，可以看出奥希厄是把编码与译码做严格区分的。他在讨论世界 3 的语言表达问题时说："If speaking and understanding an English sentence are thought of in terms of encoding and decoding, it is natural to ask from what and into what is that sentence encode and decode." 见 Anthony O'Hear, *Karl Popper*, Routledge & Kegan Paul, 1980, p.186。

或者说应当翻译为"编码"。我们认为，编码（code 或 encode）与译码（decode，亦作解码）是不同的，前者是赋予世界 3 以符号表达形式，后者是在不同的编码形式之间进行转译或转换。波普尔所说的过程是，世界 3 被编码为人类语言，其声音被录音机自动译码（即转译）为磁带上的模拟信息（也可能是数字录音机，磁带上录制的是数字化编码）。

在这里，奥希厄与波普尔两人都同意，把声音译码为磁信号并不妨碍世界 3 的原意（假如真的有世界 3 的话），不论是模拟信号还是数字信号。波普尔想强调的有两点，一是编码形式无碍于世界 3，二是世界 2 可以不介入译码过程。奥希厄想追问的是世界 3 怎样在人脑中被编码为声音，但是他忘记了关于世界 3 的两个重要事实：第一，世界 3 并不在人脑中，那么它也既不在波普尔的大脑中，也不在奥希厄自己的大脑中，而是存在于获得某种载体的文本中，他们两人大脑中所有的与其他所有的人一样，只是世界 2。在这个例子里，文本在磁带中获得相对固定的形式，世界 3 得以形成。第二，任何思想，一旦从人脑中产生出来，必须被表达出来才能为他人所知，这种表达只能是已经编码了的，舍此无他，无论这种表达所采取的是言语声音，手写的文字或绘画，还是一个肢体语言或面部表情。而且，非常可能的是，思想的形成本身就是借助于某种编码方式（如语言）的，语言学家帕尔默（L. R. Palmer）指出，"语言不仅仅是思想和感情的反映，它实在还对思想和感情产生种种影响"[1]，"而语言仅仅记载过去所取得的思维活动成果，并且把这些成果固定下来"[2]。而奥希厄所追问的

---

① ［英］L. R. 帕尔默：《语言学概论》，李荣等译，商务印书馆 1983 年版，第 139 页。
② ［英］L. R. 帕尔默：《语言学概论》，李荣等译，商务印书馆 1983 年版，第 143 页。

问题（"这里发生的整个问题是因为世界3对象并不在某种物理形式中，那么它如何能够活化脑把它译码为语言呢？"），在现阶段无论是科学还是哲学都还没有可能给出令人满意的回答。

　　奥希厄引述波普尔上述文字时，着眼于批评波普尔关于世界3存在并具有自主性的证明，批评波普尔的"在某种程度上已被推翻的观点：因为同一思想能存在于不同的编码中被识别，思想本身是十分抽象的某种东西"①的见解，目的是否定世界3的客观存在。究竟思想是不是"十分抽象的某种东西"，奥希厄完全可以固守自己的见解，但是，至少就波普尔所举的这个例子，以及奥希厄的反驳来看，奥希厄没有达到目的，相反他还赞同了思想与编码形式无关的见解。

　　波普尔的这一段话包含两个意思：第一，世界3的内容与编码的形态无关；第二，世界2在编码过程中可以介入，也可以不介入。这是重要的思想，极富于启发性。后面我们将会看到，波普尔谈到的这两个意思很好地预见了电子计算机在世界3与世界1中以及在二者之间所发挥的作用，虽然他所举出的例子是录音机。

时序无关

　　文本代表了一大类世界3成员，即波普尔在其三个世界理论中反复讨论过的那些世界3的成员，笔者也针对这一概念进行过一些讨

① ［德］A.奥希厄：《波普尔的柏拉图主义》，邱仁宗译，载中国社会科学院哲学所自然辩证法室情报所第三室：《第十六届世界哲学会议文集》，中国社会科学出版社1984年版，第339页。

论。本书为集中研究世界 3 与世界 1 的相互作用问题，特别关注世界 3 的时间特性。本书认为，世界 3 的主要表现形式为文本，其共同特点是时序无关性。更准确地说，一般意义的文本是按特定语法规则沿空间序列排布的符号表意系统，它通过其物质载体实现与人的感官（主要是视觉器官）的相互作用，唯其如此才能"读"取它的内容，而时间（无论是物理的还是机器的）及其序列不影响这种文本的内容。我们把这种文本的形式和内容之取决于空间序列排列而与时间序列无关的特性，称为时序无关性。

细致推敲，时间概念还可以分为物理的时间和机器的时间。所谓物理时间，其实就是我们生活中通常说到的时间，它与机器系统中的时间有所不同。机器时间与机器系统的运行相关，其"延续"（牛顿意义上的）与物理时间并无本质不同，然而其时间序列（或通俗地称之为"顺序"）则对于机器有着特殊重要意义。这种特殊重要意义，最好地表现在现代电子计算机系统中。

之所以特别强调时序(时间序列)特性，是考虑到在机器应用中，机器系统中的时间与客观世界中的物理时间意义不同，二者的关系类似于牛顿的绝对时间与相对时间。而在机器系统中，时间概念本身并没有超出一般意义，倒是其中的相对时间部分，亦即时间序列，更有针对性。由此一角度观察，人们一般议论到的文本，都是波普尔意义上的文本，是与机器无关的（它只是人类大脑的创造物），因而是不包含时间序列的。

事实上，在电子计算机出现以前，一切文本都是时序无关的，甚至计算机广泛运用的今天，仍然有大量的时序无关文本被创造出来，每时每刻。这种时序无关性是相对于世界 1 而言的，也是相对于世界 2 的；它表现在文本（或世界 3）与信息处理机器如电子计算机的相互关系中时，使得我们只能用机器对文本的编码形式进行转换，像我们通常所作的那样把一座雕塑拍摄照片，或者如将计算机中的纯文本文件转换为某种特定格式的文件（doc 文件），或者把一幅图形由 bmp 格式转换为 jpg 压缩格式，而不能对它进行运算执行。这种变换，甚至对于音乐存储格式 wma 与 ape 或 flac 格式之间的变化也是成立的。换言之，这样的文本只是相对固定成型的知识，不含带有时间序列信息的机器指令。

在这里，时序无关性与同波普尔曾谈到过的时间无关性有所不同。波普尔谈到过另一种情况，他认为世界 3 客体是时间相关的，指的是世界 3 的进化，是人类知识总量和形态随时间演化：

"与自主性问题有点关系而我认为不那么重要的是世界 3 的无时间性（timelessness）问题。如果毫不含糊地表述的陈述此刻是真的，那么它永远是真的，过去也一直是真的；真理是无时间性的（谬误也是如此）。例如矛盾性或不相容性等逻辑关系也没有时间性，这甚至更为明显。

"由于这个理由，很容易认为整个世界 3 是无时间性的，如柏拉图认为他的形式或理念世界无时间性那样。我们只需要假定我们从不发明某一理论，而总是发现它。因此我们有一个无时间性的世界 3，存在在生命出现以前以及一切生命消失以后，这是一个人们对它多少可以做出一些发现的世界。

"这是一个可能存在的观点，但我不喜欢它。……

"我提出一个不同的观点——我已发现这是一个卓有成效的观点。我认为世界 3 基本上是人类精神的产物。正是我们创造了世界 3 的对象。……

"因此我把世界 3 看作是人类活动的一种产物，它对我们的反作用与我们物理环境对我们的反作用一样大，甚至更大。在所有人类活动中有一种反馈作用：在行动中我们总是间接地作用于我们自身。

"更确切地说，我认为问题、理论和批判论证是人类语言进化的一个结果，并且反过来对这种进化起作用。

"这同真理和逻辑关系的无时间性是完全相容的；并且它使世界 3 的实在形成为可以理解的了。"①

可以看出，波普尔是反对世界 3 时间无关的，但是他所指的是世界 3 的进化，指的是知识伴随着人类不断的精神活动而增长，这一立场是服务于他的知识增长理论的，与我们在这里所说的文本的时序无关完全不同。

由于存在着这种时间（序）无关性，文本与载体和信息处理机的关系比较单纯：载体对它只进行存储和传输，而信息处理机只对它进行格式（编码形式）转换。正因为如此，正如波普尔所认识到并且一贯坚持的那样，文本（世界 3）不可能与世界 1 发生直接的相互作用，如果发生了相互作用的话，一定是有世界 2 即人的精神作用居间与事。

---

① Karl Popper, *Unended Quest, An Intellectual Autobiography*, Routledge, London, reprinted 1993, pp.185–186.

时序相关：程序——一种特殊的文本

广泛运用的计算机程序是信息时代新添加进世界 3 的成员，这类新成员与前面印证的波普尔及他的批评者奥西厄等人讨论的传统意义的世界 3 有根本的不同。它的内容是一系列向机器和其他信息处理机下达的运行指令，它的"文字"是二进制编码码符，遵守的语法是某种编程语言的规则，这种语言把人类熟知的自然语言转换为计算机能够懂得的机器码语言，使之能够得到机器的执行。程序也采取"文本"的形态，完全可以以特定的字符记录在传统的纸张载体上，甚至可以用笔墨加以书写，如果人们有足够的耐心的话。它与普通的文本（波普尔意义的）最大的区别在于，它是时间相关的，程序文本中包含有重要的执行指令，能够被机器（电子计算机）读取、"理解"并且执行。

我们引入时序无关/相关性概念，其意义是，某种文本，其内容、解读和编码方式对于物理时间序列是高度相关或者敏感的。相比较而言，波普尔/奥希厄意义上的世界 3 就是一种静态的文本。

计算机程序是按特定的编程语言编写的既能体现人的意图，又能为机器所理解并且加以执行的特殊文本，它符合波普尔定义的世界 3 的所有条件，但是增加了时序特征，使之能够在严格按时间序列运行的机器上得到执行。它不仅包括思想的内容，还包括某种过程——信息处理的过程。世界 3 添加了程序成员，它的地位立即发生了重要变化。这种变化最终改变了波普尔关于世界 3 的重要结论，也改变了世界 3 的本体论地位。

然而，尽管我们在一定程度上强调了世界 3 的动态特性，但不能把它推向极端。在数字化世界里，文本只是一系列的 0 和 1 的编码，它们之所以获得意义，关键有两个：一是符合某种编程规则，它与其他文字符号之遵从某种语法规则而获得语义并没有本质区别；二是它的能动性来源于计算机的驱动，如果在此方向上追根穷底，能动的根源在于计算机中央处理器之中的晶体振荡器。在此意义上，数字化信息存在的基本特征与此前的模拟信号相比，并没有本质的改变。例如电影，活动画面只是在电机驱动下一连串静止画面逐次显示所得到的视觉效应。电视画面与此相类似，但是它的每一幅静止画面由更高速的点和线扫描来实现，而电脑中实现动画包括立体动画在技术原理上与电视几乎完全一致。因此我们说，世界 3 只有形态上的变化，是载体以及相关的信息处理技术改变了它们自身与世界 1 和世界 3 的相互作用关系。

程序的特点是动态的，它在适当载体和信息处理技术支持下会直接作用于世界 1，是一种既有空间结构，又有时序结构的特殊的人类知识产物，在信息技术领域称为"软件"。考虑对于计算机至关重要的程序——操作系统：一台"裸机"（不带任何软件的计算机）只能属于世界 1，它根本不可能"运行"——遵循预先设定的规则实现某种特定功能，只有在安装了操作系统后，它才能正常运行，完成人们需要它做的工作。如果仅就其源代码而言，操作系统对人展现为类似于传统的具有某种语义的文本，但是对于机器而言，它是以二进制编码写成、具有时序结构的操作指令，它完全控制机器的运行状态。

程序成为世界 3 的成员，加之文本的数字化，使得世界 3 由波普

尔所认识的那种静态世界变化成动态的，这为它与世界 1 的直接互动
创造了条件。

时序相关文本（程序）的意义

波普尔本人在 20 世纪 60 年代初提出世界 3 时，尚未能对计算机
问题予以重视，只是把它当作与书本相似的知识载体："例如，一台
电子计算机可以出版和印刷一套对数手册。"① 到晚年时他逐渐认识到
计算机应用会产生出新的问题，曾经谈到过计算机及其程序。他甚至
承认计算机程序属于世界 3，他说："不仅地图和计划是世界 3 客体，
行动计划也是，这可能包括计算机程序。所有这些世界 3 客体的特点
都在于，它们可以通过批判而得到改进。它们的特征在于，批判可能
是抱合作态度的，可能来自同原有观念毫无关系的人们。"② 但是，波
普尔并没有就此展开进行深入的分析讨论。

波普尔对计算机程序有其自己的理解。"动物的行为像计算机的
行为那样是有程序的，但又不像计算机，动物是自我编制程序的。我
们可以假定，根本的遗传上的自我编序被规定在编了码的 DNA 带
上，也有获得性程序，由于培养所致的程序；但是什么可能获得，什
么不能获得——可能获得的编码——是它自身按照基本的遗传上的自

①　Karl Popper, *Objective Knowledge: An Evolutionary Approach*, Oxford University Press, 1983, p.115.

②　Karl Popper, "Three Worlds", in *The Tanner Lectures on Human Values*, ed. by Sterling M. McMurrin, University of Utah Press, Salt Lake City, 1980, p.163.

我编序的形式制定的，这种编序甚至可以决定构成获得性的几率或者倾向。"① 的确，动物不同于计算机，计算机不会自己编写程序，计算机需要人们事先为它编写好程序。当波普尔这样说的时候，他似乎接近了信息时代对世界 3 问题新理解的边缘，但是，当他说出下面一段话时，他显然又不太了解计算机和计算机程序。

他谈到世界 2 在世界 3 对世界 1 发挥影响时所起的关键性中介作用，举出由狭义相对论影响原子弹制造的例子，他说，"有些人认为计算机也可以做到这一点，因为它可以算出一种理论的逻辑结果。如果我们已经建造了计算机，并且通过我们思考出来计算机程序来对它们发出指令的话，它们无疑是算得出的"②。

在波普尔看来，计算机与所有机器一样，就其执行人的意图而言，是按人们预先规定好所有行动步骤亦步亦趋地加以执行的，这在某种意义上是对的，但是，波普尔只看到了问题的一个方面；在另一方面，即程序与机器的关系上，这段话对波普尔的帮助似乎是相反的，当计算机程序被人按照某种意图编写出来后，它已经是世界 3 的成员了，它完全可以以一种标准的文本形态呈现在波普尔和所有人的面前，供人们改进、批判，不论这种批判的动机是否是恶意的还是抱合作态度的。而当这样的"文本"存储到磁盘上输入计算机后，就会出现波普尔断然否认的情况：

---

① ［英］卡尔·波普尔：《自然选择和精神的出现》，张乃烈译，《自然科学哲学问题》1980 年第 1 期。

② Karl Popper, "Three Worlds", in *The Tanner Lectures on Human Values*, ed. by Sterling M. McMurrin, University of Utah Press, Salt Lake City, 1980, p.164

它会操纵和控制计算机运行，世界 1 会因为受到程序的支配而动作，使得我们的意图"算得出"。在这里，并不是世界 3 作用于人，人再作用于机器；而是相反，是人作用于世界 3，而世界 3 再作用于世界 1。要点在于，世界 3 与世界 1 发生了直接的互动，而作为世界 2 的人却成了旁观者。换言之，世界 3 作为世界 2 的产品替代世界 2 本身与世界 1 进行直接互动了。在信息技术进一步发展而产生的虚拟现实里，这种情况将更加明显，更加有说服力。

由此我们看到，当我们对波普尔的世界 3 概念添加一些新的意义，允许文本具有时序相关特性，使得计算机程序这一类新的世界 3 成员具有"合法性"，世界 3 就具有了波普尔本人和他所处的时代所不可能认识到的意义：作为人的精神创造物，世界 3 在特定技术条件支撑下，可以替代人本身与世界 1 进行互动。某种程度上讲，这种世界 2 缺位情况下世界 3 与世界 1 的互动，并不违背波普尔曾经作出的讨论，因而是对波普尔三个世界理论的合理的拓展。由此理解，对世界 3 概念的改造，一方面赋予波普尔三个世界理论以新的意义；另一方面，这一理论便可以作为今天和未来的信息时代的哲学解释的重要基础，特别是，它可以十分方便地用于解释或理解知识与机器的直接相互作用①。

世界 3 的编码问题，仅仅考虑它的时序无关性或相关性还远远不够，因为它虽然为世界 3 与特殊的世界 1（机器）之间的相互作用提供逻辑可能性，却远不能够解释世界 3 的意义问题；而意义问题，更

---

① 参见王克迪：《相互作用初探——知识与机器的互动机制》，载贾高建主编：《哲学与社会》第 2 辑，中国时代经济出版社 2010 年版，第 130—138 页。

富于哲学意味，也更加困难。

第五节　再说世界 3

卡尔·波普尔（Karl Popper）指出，"如果不过分认真地考虑'世界'或'宇宙'一词，我们就可以区分下列三个世界或宇宙：第一，物理客体或物理状态的世界；第二，意识状态或精神状态的世界，或关于活动的行为意向的世界；第三，思想的客观内容的世界，尤其是科学思想、诗的思想以及艺术作品的世界"[1]。波普尔把这三个世界分别称为世界 1、世界 2 和世界 3。从 20 世纪 60 年代初直到 1994 年他去世，波普尔比较系统地发展了这一理论，尤其着重讨论了世界 3 的存在方式、特点和它与其他两个世界的关系。

世界 3 的存在方式

在与脑科学家约翰·艾克尔斯（John Eccles）合写的《自我及其大脑》中，波普尔谈到，"有些世界 3 客体只存在于编码的形式中，如乐谱（可能从来不会演奏），或者唱片录音。其他的——诗，可能还有理论——也可以存在于世界 2 客体中，如记忆，估计也以记忆痕迹的方式编码而存在于某些人的大脑（世界 1）中，并随着大脑死亡

---

[1]　Karl Popper, *Objective Knowledge: An Evolutionary Approach*, Oxford University Press, London, 1983, p.106.

而消失"①。波普尔还提出,"不仅地图和计划(plans)是世界 3 客体。行动计划(plans of action)也是,这可能包括计算机程序(computer programmes)"②。这意味着,波普尔认为世界 3 主要以语言或某种编码形式存在,承认这一点是重要的。

世界 3 的编码特性与内容不变性

波普尔认为,内容是人类语言的产物,而人类语言反过来又是最重要、最基本的世界 3 客体。语言有其物理的方面,而所想或所说的内容则是某种更加抽象的东西。"内容正是我们在从一种语言翻译成另一种语言中想加以保存、保持不变的东西。"③ 在波普尔看来,语言是一种载体工具,客观知识、内容在它之中的体现,犹如理论或剧作在书本中的体现。同样的思想,可以翻译为不同的语言,也可以采取不同的编码(从本质上说,编码就是一种翻译)。"客观意义的知识不包括思想过程而包括思想内容。它包括我们用语言所表述的理论的内容,这一内容可以、至少可以近似地从一种语言翻译成另一种语言,客观思想内容是在合理的优良翻译中保持不变的内容。或者按照更加实在主义的说法,客观思想内容就是翻译者力求保持不变的东西,即

---

① Karl Popper, "The Worlds 1, 2 and 3", in *The Self and its Brain*, Karl Popper and John C. Eccles, Springer International, New York, 1977, p.41.

② Karl Popper, "Three Worlds", in *The Tanner Lectures on Human Values*, ed. by Sterling M. McMurrin, University of Utah Press, Salt Lake City, 1980, p.163.

③ Karl Popper, "Three Worlds", in *The Tanner Lectures on Human Values*, ed. by Sterling M. McMurrin, University of Utah Press, Salt Lake City, 1980, p.159.

使他会不断地发现这一任务难得简直不能完成。"① 简而言之，人们总是可以从某种表现中抽象出一个思想或一段信息，这个思想或这段信息不会因其语言或编码形式而有本质变化。

三个世界之间的相互关系

世界 1 与世界 3 之间以世界 2 为中介，这一点很清楚地包含在三个世界的理论中。波普尔指出，科学猜想或理论能对物理世界产生效果。波普尔进一步指出，"精神在第一世界与第三世界之间建立了间接联系。这一点极为重要。无法否认，这种由数学理论和科学理论组成的第三世界对第一世界产生巨大的影响。比如，由于技术专家的介入确实能产生这种影响，技术专家通过应用上述那些理论的某些成果而引起第一世界的变化"② "世界 2 作为世界 3 和世界 1 之间的中介而发挥作用。但也正是对世界 3 客体的把握（grasp）给予世界 2 以改变世界 1 的力量。"③

显然，波普尔所说的三个世界相互关系，是一种简单的直线关系，即世界 1 与世界 2 可以直接相互作用，世界 2 与世界 3 可以直接相互作用，但是世界 3 与世界 1 不能直接相互作用，世界 2 是两者之

① Karl Popper, "Three Worlds", in *The Tanner Lectures on Human Values*, ed. by Sterling M. McMurrin, University of Utah Press, Salt Lake City, 1980, p.156.

② Karl Popper, "Three Worlds", in *The Tanner Lectures on Human Values*, ed. by Sterling M. McMurrin, University of Utah Press, Salt Lake City, 1980, p.155.

③ Karl Popper, "Three Worlds", in *The Tanner Lectures on Human Values*, ed. by Sterling M. McMurrin, University of Utah Press, Salt Lake City, 1980, p.156.

间的关键性中介。基于此观点，我们可以推测，科学知识的增长主
要靠人的精神活动（世界 2）与知识（世界 3）相互作用（例如，科
学史研究），或者精神活动与客观世界（世界 1）的相互作用（例如，
一般意义上的科学研究）实现，但是，知识与客观物质世界不能直接
相互作用。

第三章

从信息载体到知识处理

　　根据本书第一章的讨论，如果想把信息的进化与知识的进化分隔开来进行，似乎是不可能完成的任务。因为，所有的知识都可以还原为若干基本的信息形态，而信息如果按照某些规则加以组合，就能够得到我们称之为知识的东西。

　　谈论进化，未免需要从"猴子变人"说起，即从事物发生的极早期开始谈起。事实也正是如此，一部人类文明史，从某种角度来看，基本上就是信息或知识的创造、传播、处理、运用的历史。只是，我们重新回顾这一历史的时候，特别关注那些与我们的理论有关的事实。当我们用知识与机器互动眼光来看待历史时，就会有一些新的发现。这要追溯到最早的信息创造和记录。

　　首先，我们对于过去的事情，对于早期人类的情况有所了解，主要是因为我们在考古活动中找到先民的许多物质遗存,其中记载的信息被解读出来,成为我们的知识。在考古活动中发现,人们记录了极早期人类留下的文明的记号,西班牙桑坦德附近岩洞里的壁画,发生于 1 万多年前的旧石器时代晚期;北京房山山顶洞穴中古人打造的石器和燃烧的灰烬,河姆渡人、元谋人的各种活动遗迹,殷墟甲骨和龟甲中刻记的文字与符号;等等。所有这些都是早期人类在自觉地创造信息,记录信息,用以记载某些事件。

尽管早期人类在描摹自然(动物)的时候表现出令今人惊异的逼真、生动,但是他们在运用符号表达自己所念所想时却不得不从最简单的信息形式开始。考古学和文字研究告诉我们,古埃及人最早使用楔形文字,后来进化成字母;古巴比伦人也是使用楔形文字。我们的祖先使用象形文字,后来逐步演化成今天的汉字,殷墟博物馆陈列的龟甲刻字兼备象形与文字特征,应该是这一进化过程很有说服力的证据。

之后就是可以书写在竹简、纸张上的文字与字母,它们的广泛运用,使得人类思维愿望、思想与情感得到表达和记载。我们愿意相信,有了这样的表达和记载能力,反过来仅以刺激、激发了人类的认知能力、思维能力,并且丰富了情感,产生出我们称之为知识的东西。这一进化过程,完全符合波普尔的第一与第二世界的互动原则。

虽然这时还没有我们今天意义上的机器出现,然而信息或者知识的出现,已经令古人面对一个现实的问题——信息的载体问题。在本章中,我们集中谈论信息与知识的问题,以及与之密不可分的信息载体与信息处理问题。

第一节　信息的进化，知识的进化

正如我们在第一部分讨论中提到过的，任何知识与信息都需要载体。岩洞的墙壁，牛的骨头，龟甲，甚至一根绳索，都是承载信息的载体。有了这些载体，信息和知识得以保存，这既是它的客观性的具体体现，又是它与具有载体基本特性的机器发生互动的基本保证。虽然在这一时期还无从谈及知识与机器的具体互动，但是我们已经认识到，信息与知识是需要物质载体的，知识从一开始就是有可能与机器发生互动的，当载体发生变化，伴随着信息与知识的形态发生变化，这种互动就成为可能与现实。

从另一个角度看，信息的创造过程，构成了一部人类的文明历史。人类发明用石块涂画，用锋利石刀在甲骨上刻画，后来又发明出笔和墨水，这些发明帮助人们记载信息和知识，反过来也促进了人的思维，进而创造出日益复杂丰富的知识。另一方面，对应的知识载体也在发展，其承载的信息密度逐步提高，信息量越来越大。

如果仅仅注意人类记录与承载信息的工具，似乎会得出有差不多3000年时间人类文明止步不前的印象，其实不然。古人在掌握了良好的书写与记录工具后，例如毛笔和纸张，就迅速地在思维能力、知识积累、想象力和创造力方面长足进步了。我们不需要逐一列举不计其数的古代书籍、绘画、石刻等作品，只需要专门关注古人在向往知识与机器互动方面的进展就够了。

在近现代文艺作品中，类似的情形很多。例如法国作曲家德里布谱写的芭蕾《葛培里亚》，魔术师制作的木偶少女貌若天仙，在魔术师的口诀和魔法指挥下几乎乱真，并使村中英俊小伙子爱上她。有趣的是，小伙子原先的情人葛培里亚为了夺回爱人，串联村中一群姑娘夜入魔术师营帐，戳穿了魔法秘密。那木偶在没有得到魔法和口诀的指挥时，只是个死气沉沉木头人。这一生动的故事出自《人是机器》作者拉美特利的故乡法国，反映出西方文化中有着久远的知识与机器互动的思想传统。

由于此类"奇迹"超乎现实，往往被打上"巫术"印记，遭到正常社会与社会秩序维护者的反对与围剿。中世纪中晚期，在天主教国家中曾经发生大量的迫害江湖术士、巫婆与神汉的情况。然而，这并没有从人们内心深处彻底铲除人们对运用知识去作用于某种机器从而获得奇迹的梦想，只是随着时代的变迁，随着人们掌握的机器制造技术的变化，这些梦想不断地变换着表现的形式。

在古代中国，这一类的故事特别多，反映出人们对于用某种知识直接获取力量与利益的渴望。在《西游记》中，最为人们津津乐道的是孙悟空从耳中取出绣花针，念动口诀，迎风一晃，那绣花针就变成雷霆万钧的金箍棒。如果我们一定要追究这个中知识与机器的互动细节，未免失当，但是我们必须意识到这反映了古人（至少是明代人）的一种长久的追求。

出品于大约同时代的《水浒传》中，梁山好汉中的一位道士可以呼风唤雨；神行太保戴宗穿上特殊装备，口中念念有词，就能够日行八百里，大致相当于今天的小汽车了。

《三国演义》在古典名著中属于比较写实的作品，其中也不乏类似"奇迹":诸葛亮多次呼风唤雨,巧借天时地利,借东风与八卦阵是最为脍炙人口的。

凡此种种,见出古今中外,人们挥之不去的渴望:运用某种神秘的知识,配合某种特制的机器或器物,使之互相配合,产生出人力所不逮之功力效应。

再回看西方,迟至牛顿时代,知识与机器的混合互动仍只停留在人们超乎现实的想象之中,盖因人们虽然已经有了统一天地万物运动的理论解释,但是机器制造方面却没有及时跟上知识进步的步伐。

不过,牛顿本人却可以在某种意义上看作是这样的知识—机器互动信奉者。众所周知,牛顿一生中在三类事情上注入心力最多:自然哲学、炼金术和圣经考据。其中的炼金术,一般人以为他是要把贱金属提炼成贵金属,他也的确做这样的事情,但是他的根本目的却不为常人理解:他是要发现上帝创世的秘密知识,或者说,他要找到构成我们所处的这个宇宙的秘方。他明白无误地告诉我们,他的《自然哲学之数学原理》只告诉我们宇宙是如何运动的,是个什么样的结构,这些运动与结构是如何的完美无瑕,但是《原理》并没有解出宇宙的最终秘密。牛顿,以及他的精神导师,化学家玻意耳,深信这样的秘密隐藏在需要通过炼金术才能解开的秘密法术之中,正是运用这种秘密的知识,上帝创造了我们的宇宙。对于牛顿来说,他自认为发现了上帝用以使世界运动的知识,而与之产生互动的,则是世界本身,世界就是上帝创造出来的一部最大的机器。宇宙的运动,就是创世的知识与物质世界的互动。

到此为止,我们还只涉及信息与知识的载体。在考虑知识与机器互动之前，我们还必须回顾信息与知识的书写与录入问题，当然，还有信息的读出。

真正有着科学意义的知识—机器互动系统，在牛顿之后 100 多年开始出现。

如前文所指出的，世界 3 成员的形态受到物质载体的制约。我们注意到，几乎所有论述过知识和信息问题的哲学家，包括我们在本书中引用过的一些文献作者，无不指出过知识或信息载体的问题，但是却很少见到对这个问题进行认真、深入的讨论。实际上，影响世界 3 的还有信息处理技术。在世界 3 中出现了像程序这样的时间相关的成员后，如果不考虑它的载体和相应的信息处理技术的影响，我们很难理解信息时代世界 3 所发生的变化，以及与其他两个世界之间的相互作用。

波普尔在晚年把他的世界 3 推广到人类几乎所有的精神产品和物质产品，这引发了混乱和困难，世界 3 家族过于庞杂，又与世界 1 多有重合，人们试图以三个世界理论考察某种现象时，无法入手，致使这一有启发性的理论失去用途。可能这正是波普尔三个世界理论不被同行重视的原因之一。本书认为，从原则上讲，凡是采取物质形态的存在物，都应划为世界 1，尽管人造物体中可能会体现着许多的人类智慧，但它还是世界 1。而世界 3，则主要是以编码形态存在的文本。有关世界 3 的较详细的讨论，已经在第二章中进行。

以下，主要着眼于三个世界的相互作用，特别是世界 3 与世界 1 之间的互动问题，对载体和信息处理技术这一世界 1 成员在信息时代的发展作尝试性讨论。

第二节　知识的载体

载体是承载信息的物质实体，或者按波普尔的说法，是世界 3 的具体体现。

载体是一种物理实在，它可以是纸张、书籍、图书馆、半导体存储器，也可以是大脑细胞，或任何其他物质实体；载体是世界 1 的客体，只是由于它本身的技术特性和含量直接影响到世界 3，因而在研究世界 3 特性时不得不加以仔细考虑（当然，载体的技术含量表明它本身也体现出世界 3 的影响）。我们希望指出，脱离载体的文本是不可想象的，因而世界 3 问题必然与物理载体问题纠缠在一起。另一方面，载体只是影响整个信息过程（详见下文）所有技术因素中的一部分，如果把有关的讨论延展开来，还应当包括信息生成（创造）、传播、存储、接收和处理等方面的内容。之所以特别强调载体问题，是因为它直接影响文本（信息）的存在形态和内容。

文本是世界 3 中的主要构成部分，它由于获得物理载体而具有永久性、积累性和可传播性，成为人类文明极为重要的部分和人类共同的财富。由于文本依赖于物理载体，而载体承载信息的能力取决于自身的技术特性和含量，导致科学技术因素对文本形态产生重大影响。另一方面，技术进步总的方向是不断提高信息载体的存储容量，使得文本的内容和形式趋于更加丰富、更加多样，不断提高信息的传递速度、信息的处理能力，不断趋向于以多种形式同时与人类的感觉器官交流互动。技术进步增进人类精神活动的有效表达，是人类文明进步的重要标志。

载体的发展

根据波普尔的世界 3 定义，能够推测世界 3 在人类有能力记录思想和语言之前应当不存在。文本的出现是人类文明史中的革命性事件，但是，发明用物质载体记录文本，也是同等重要的事件。按史料记载，文字出现之前先民曾经采用结绳、垒石、岩画和贝壳串等手段记事。无疑，绳索是最简单的载体，绳结是文本的一种，它的形式非常简单，但它包含的信息可能十分重要（例如，一场重大的祭祀活动，或者一场瘟疫）。然而，解读其信息含义时，要求主体具有相应的背景知识，这种背景知识一般存储在人脑的记忆中。

文字发明后，知识和信息通过编码形式得到表达，转化为文本（如甲骨文、竹简书）。与此同时，载体本身开始显现出技术成分。这里，我们已经看到了技术进步特别是载体变化对文本的影响。从这里开始，直到电子媒体发明，主要的信息载体是羊皮纸、竹简、纸张、石碑等，其中纸张发明最晚，但后来居上，最为重要。有了纸张，文本获得了比较"标准化的"载体，纸张可以装订成册、成书。这种载体有了人工制品的形态，具有永久性、易于保存、运输和阅读的优点。相应地文本形态主要以符号和文字为主，这种文本形态配合上装订成册的纸张载体——书籍，成为人类知识、人类文明最重要的表现形式，长时间地维持着标准和权威地位，一直保持至今甚至将来。在发明了用刀片刻记、笔墨书写等记录文字和语言的工具之后，世界 3 开始出现并日积月累迅速增大扩张。它一旦由人类产生出来，按照波普尔的说法，就形成了客观的、自主的、进化的、有本体论地位的知识的世界。

纸张加书写这样的记录知识的方式持续几千年，直至 20 世纪早期。在此期间，农耕社会中晚期或工业社会早期发明了印刷术，特别是活字印刷术（中国为约公元 11 世纪，欧洲为约公元 13 世纪。中国约在公元 6—7 世纪发明雕版印刷），极大地改进了知识的记录方式进而增进了知识的传播，但是，在知识载体方面并没有本质性变化。

按照信息载体来划分，工业化社会应当分为前后两个阶段进行分别讨论，前一阶段大致到 19 世纪末，后一阶段到 20 世纪 70 年代。前一阶段主要特征是，信息载体仍以纸张为主，但是增加了印刷技术；后一阶段可以称为电子媒体时代，是纸张载体与电子载体并存的时代，同时，这个时代孕育并且催生了未来的信息时代。

人类社会在 20 世纪进入工业化时代后期，信息传播技术（如电报电话、广播、电视、录音和录像、摄影和电影等）与新型载体（如唱片、录音和录像磁带、照片和电影胶片等）出现后，信息载体发生重要变化，世界 3 形态随之发生变化。文本内容和形式大大丰富了，除了纸张上记录的文字，又出现了记录在上述新型载体中的所谓"模拟信号"——声音、图片（文字也被当作图片加以处理和存储）和动画等，这些模拟信号，是用电—声或光—电探测转换设备（如话筒、摄像管等）把拾取到的信息转换为电信号，经过放大再驱动机械装置把信号刻写在木纹唱片上，或者驱动电磁转换头把信号录制在磁带上。

信息时代的文本和载体都围绕着信息处理设备电子数字计算机的发展而变化。计算机在固定不变的高速度下进行二进制加减运算，传统的图形符号文本被当作离散信号进行重新编码，转换为二进制文本；与此同时，计算机要求载体不但能够存储这样的二进制编码，还要能够以极高速度把文本输入处理器，又能够再以极高速度接收处理器输出的处理完毕的信息，加以存储。沿此要求发展出全新的信息载体，早期的有穿孔纸带，随后有磁芯元件和磁带，最后是半导体集成芯片（如 **EP-ROM** 和 **DRAM**）和磁性高速硬盘，以及通过激光读取的只读存储器（**CD-ROM**）。后三种载体分别利用的原理是数字电路的基本单元稳态电路、电磁转换以及光电效应，配合以现代微电子、精密机械技术制作成存储密度很高的信息载体。以目前最为通行的光盘为例，它的存储容量为 680 兆字节，相当于 3 亿个汉字，如果采用数字压缩技术，光盘的实际容量还可以提高数倍到数十倍。

载体与所存储信息的形态

载体的技术含量和物理性能决定它所存储的信息的形态，因为所谓信息是载体上每一个局部有不同于其相邻局部的形态或物理特性（谢米列基讲信息就是差异。参见第二章第一节，"关于信息分类的尝试"）。对于线性柔软的绳索，这种变化只能表现为绳结，而对于纸张，则利用其自身吸附墨汁的能力来记录字迹。纸张还可以打孔的方式记录信息，这种"技术"在 20 世纪使用电子计算机的早期，发展成穿孔纸带，它曾是计算机程序的重要载体①。

绳结和白纸黑字都是改变载体的物理表观，这种改变只对人的视觉有意义。因此，在这种技术条件下，人类读取信息通过眼睛直接与载体的相互作用实现。在以纸张为主要知识载体的时代，书写或印刷的文字只能是知识的主要记录形态，字里行间的意义就是世界3。这也正是波普尔认识到的世界3。

电子技术时代的载体出现，情况为之一变。磁带、唱片等利用载体物理状态的（电—磁、光—电）改变，所记录的信息不再引起人类视觉反应，而要使得信息为视觉感知，需要通过信息处理机进行信号的物理变换，再以适当方式显示出来，这正是电视的情况。载体承载的信息不能直接引起人类感官知觉，而是必须经过一个适当的变换过程。技术进步所带来的这种变化使得前此无法实现的声音的记录和再现问题得到解决，因而信息再现时能够声像并举，这极大增加了世界3的丰富程度。

单纯以载体与信息的关系来看，数字化信息与模拟信息相类似，载体通过物理状态变化进行信息存储。所不同的只是信息自身的编码形式，而编码形式的变化，反映出信息处理技术的变化。

程序对载体的要求

前文已经说明，在信息时代，世界3中增添了新的成员：计算机

---

① 纸质穿孔卡片的使用，主要赖以英国女数学家阿达·德洛夫莱斯之力，她是著名诗人拜伦的女儿。后用于美国五角大楼导弹控制系统的编程语言就是以她的名字命名。

程序。程序是一类特殊的文本，它有时序结构。所谓时序结构，要表示的意思是，像程序这样的"文本"在按照时间序列运行的机器中，其自身包含的指令能够得到该机器的执行。实际上，机器"读出"载体上的程序内容，也要求这种载体具有时间序列特征。严格地说，载体的这种时序特征也是通过其自身的空间结构来保证的：在磁盘和光盘中有磁道，在半导体存储器中有存储单元的地址。这种时空特性甚至可以理解为是由载体的机械结构或几何结构决定的：具体承载信息的无论是磁粉颗粒还是微型集成电路单元，都由其几何位置而决定其具体承载的信息部分。计算机访问存储器时按照信息在载体上所处的物理（空间）位置顺序读出程序，进而加以执行。

文本和载体之间这种空间和时间的对应关系，对于计算机的运行十分重要，所谓"执行"意味着机器硬件对程序软件的某种指令作出合乎要求的响应，它使得机器的运行能按照人们预设的方案有条不紊地进行，对程序所规定的任务和人的意图逐一加以实现。最终在显示器、扬声器中，以及其他输出设备中呈现给我们的物理形态的运算结果，无论是图形（含文字）、色彩、声音以及其他机械运动，都是以这种基本对应关系的正确与合理为前提的。

因此，数字化信息对于其载体的基本要求是：每个单元存储一个比特（Bit）的信息；存储的信息的形式必须能够以物理作用形式影响机器；存、取速度快；容量大、体积小。

还有其他要求，如可以高速存取，这对于计算机的运行有决定性意义。俗称为计算机内存的半导体动态随读存储器，在机器运行时用于数据调用和临时存取，其容量和速度是整个计算机运算性能的关键因素之一。此外，还有载体的物理性能稳定方面的要求等。

第三节　知识和信息处理

具有信息处理能力是一切智能生物或物体的共同特征（参见第二章"信息分类"一节），这种处理能力，包括信息的存储、传递和发布、信息形态变换、信息接收等环节。经典信息通信理论把信息处理过程理解为信源、信道和信宿三个环节，这一理论有利于对通信过程进行客观的定量的讨论。但是，本书主要考虑世界 3 不同形态与世界 1 的相互作用问题，侧重点有所不同。我们认为，信息处理是一个信息处理机、载体和信息（文本或程序）三者之间相互作用、相互影响的过程，本节试图对此进行讨论。

信源、信道、信宿和信息处理

按经典通信理论的涉及范围，在人掌握工业化技术手段之前，更准确地说，在掌握现代电子技术手段之前，信源、信宿和信息处理都集中在人脑，能够独立出来的只有信道，而信道体现为载体主要是纸张的流通。这样的划分可能有粗陋之嫌，但是似乎也没有更好的分法。因而经典通信理论不适用于电子技术之前的世界 3 与世界 1 以及它们与人三者之间的关系的讨论。

以模拟技术为主体的信息通信技术，把已经由人产生出来的信息转换为电磁信号，并当作信源，由此可以考虑我们所说的世界 3 与世界 1 的相互作用问题。数字化技术出现后对此并没有作出本质改变，但是它使得含有时序结构的程序文本得以与机器发生作用，世界 1 与世界 3 有了互动的可能，因而对于我们的讨论有重要意义。

波普尔论思维主体的作用

在波普尔的三个世界理论中，知识或思想被分为主观的和客观的两大类。他说，"主观意义上的知识或思想，它包括精神状态、意识状态，或者行为、反应的意向"，而"客观意义上的知识或思想，它包括问题、理论和论据等等"[①]。由前面的分析，我们可以用文本来概括波普尔的客观意义上的知识或思想。而对于主观意义上的知识或思想，根据存在决定意识原理，主观知识不可能凭空自来，它必定来源于某种或多种客观事物，在我们的分析里，它有两个来源：物质世界（世界 1）和文本（世界 3 中的），二者都是客观存在。我们进一步认为，主观知识表现为记忆，它以人类大脑细胞为存储载体。当然，记忆并不是主观知识的全部，主观知识也不是人脑意识活动的全部，意识活动也不是人脑思维活动的全部。在此不可能对人脑的活动问题，或者思维问题，或者意识问题，甚至主观知识问题作哪怕是稍微全面一点的概述，我们只能就与我们所讨论的世界 3 问题有关的局部方面进行一些很肤浅的尝试。

---

① Karl Popper, *Objective Knowledge: An Evolutionary Approach*, Oxford University Press, 1983, pp.108–109.

　　人类大脑之所以能够担负起认识主体的作用，除了它特有的思考、感悟、联想、回忆等（在信息技术术语中，这些往往被称为信息处理）功能外，还有一个极为重要的功能，这就是记忆，也就是存储信息（知识）的功能。这正是世界 2 之所以能够完成其使命的基本保证。从这个角度出发，也许把人类大脑功能分解为信息存储器和信息处理器是能够被许可的，也有一定的必要性。一个人能够有效地出入于世界 3，基本前提是他的大脑中事先存储有足够多的信息，如语言、文字、常识、特定的知识等，这些事先存储的信息使得他能够进行阅读、理解和思考，并作出判断。非此他不可能参与任何有意义的信息过程。这也就是说，必须承认，一般所谓的认识主体中，不但存在着信息的载体(脑细胞)，载体中还存储有类似于世界 3 的信息("文本"或主观意识)，它是用于进行信息加工所必需的。不承认这一点，任何有意义的思维过程和信息处理过程都是难以理解的，我们的讨论也无法进行。

　　因此，世界 2 应当具有暂时存储"文本"的功能，这正是人的主观认识得以产生的关键性前提。人脑的这种功能非常接近于计算机中的动态随读存储器，但是大脑中的记忆与具有独立存在意义的客观实在的文本尚有很大差异，因为它毕竟是主观的知识，我们无法得到据以对它进行客观讨论的基础，我们只能等待，直到它形成世界 3 的文本。但是，能够获得表达从而形成文本的主观知识比之于全部的人脑思维活动实在是少之又少。人的主观知识与世界 3 的区别在于它始终未曾获得永久性的客观物质存储载体，因而不能生成正式的文本，它有可能伴随人的一生。波普尔评价大脑在知识进化作用时曾说过：

　　"传统的认识论对第二世界感兴趣，它关心的是作为某种信
仰的知识，即可以证明的信仰——例如以感觉为基础的信仰——
的知识。结果，这种信仰哲学不能说明（甚至并不试图说明）
科学家批判他们的理论从而置之于死地的决定性现象。科学家
试图消除他们的错误理论，他们试图让错误的理论死亡从而保
存自己。信仰者，无论是动物还是人，则带着它的错误信仰而
死去。"①

　　所以，唯有主观知识被转换为世界 3 客体才能进行客观讨论。然
而，毕竟，人脑有其物质的方面，人脑在信息或知识生成中扮演关键
角色，在信息处理过程中也是重要的参与者，我们在考虑世界 1 的功
能和作用时，不应当忽视人脑。

介入信息处理过程的人脑

　　在前工业化时期，即印刷术发明使用之前，人类所有的知识（世
界 3）活动，或信息过程，如创作、记载、更新、传播、提取、获得
和拥有等，唯有通过认识主体——人脑的精神活动参与才能实现。仅
以传播为例，印刷术之前的知识传播与扩散的唯一途径是手工誊抄

---

① Karl Popper, *Objective Knowledge: An Evolutionary Approach*, Oxford University Press, 1983, p.122.

(文本的复制)，这是一种需要世界 2 直接参与的过程，它必然导致整个过程中有一个客观知识转化为主观知识的过程以及主观知识再次转化为客观知识的过程。简而言之，在文本的传输和复制过程中，主体介入的可能性是不能排除的。甚至可以进一步推论，被复制的文本出现之前，先经过了一个可能是短暂的主观精神状态的形态，它与人的主观认识交织在一起。

这个问题还有另外两个重要方面。第一，在这样的技术条件下，文本的复制与传播或扩散是混合在一起的，但是这个混合的过程往往又进一步与文本的创造过程部分地混合，甚至还与文本的接收过程相混合，虽然从工业社会技术眼光来看，在原则上它们是可以截然分开的。然而，信息的创造、复制、传播和接收往往混合在同一个过程中。所谓创造文本的过程，按一般的理解，就是把主观认识转化成为文本的过程，这一过程今天普遍被恰当地称为创造或创新过程。这正是波普尔强调过的哲学家、科学史家和社会科学研究者甚至自然科学研究者的创造过程。也正因为如此，由于在技术上要求主体的介入，文本的复制和传输过程往往同时也成为创造或再创造的过程（例如，誊抄过程中发生即兴发挥、篡改或笔误）。

第二，文本的传播与扩散依赖于载体物质流动或移动。这一点似乎不言而喻，人们视为天经地义。某甲如果不把书籍的物质实体传递给某乙，那么某乙就不太可能获得文本，也就不可能产生任何关于该书籍的主观认识。但是我们不能忘记这只是在工业社会技术条件下得到的认识，它适用于此前的所有时代，但在信息时代情况会发生重要变化。

例外的情况是所谓口耳相传，即某种纯粹的物理作用取代了物质的机械运动，并实现信息的传递，这样的过程可以肯定在史前时代已经存在，并且至今仍然被有效运用，例如人们在社交场合的面对面谈话、众人相聚在一起开会，等等。在这种情形中虽然难以断然否认文本形式的存在（如默记或背诵，文本应当存储在于大脑细胞中），但是更加可能的是世界 2 即人脑直接当作信源或信宿发挥作用。声带震动激发的声波实现了信息传递作用，而听觉实现信息接收。

这种情况的局限性十分明显，它要求信息的发布和接收者相处距离在人类听觉范围之内。这一局限，加之前工业化时代运输技术局限，应当说是过去时代中人类各种族、文明、文化和习俗迥异而又异彩纷呈的原因，至少是重要原因之一。

工业化社会中技术进步改变了信息过程。印刷技术的出现，使得人的知识活动中有一部分不再需要认识主体的直接介入，把人从文本复制、传递和扩散过程中部分地或彻底地解脱出来。印刷和出版是专业性行业，相关行业还有新闻媒体等，这些行业以其拥有的专业技能和技术，专责世界 3 的文本传输、复制和扩散，于是，知识的生产者和消费者都脱离了文本在载体上的制造、复制等过程。也就是说，印刷技术使得信息的创造、传播和接收三者完全分离开来，并且文本的传递成为一种单向流动模式，从创造者开始经过传播途径最后到达接收者，而文本的接收者几乎不可能沿着相反方向把信息返回文本的创造者。有论者指出，这一技术的出现和社会分工的变化，突出了知识创造者在社会中的精英地位。这种将知识以一对多的模式从创造者向全社会扩散，对于人类文明（农业和工业文明）的发展起到了极为重要的推动作用。[①]

文明历史发展到这一阶段，文本对于物理世界的依存度大大增加了，同时世界 3 的客观性获得了前所未有的物质保证。文本的形态表现为无数的印刷出版物中的文字和图片，也就是波普尔所说的图书馆和书籍，是客观的知识。

我们还可以由此得到认识，正是由于工业化技术带来的强大生产能力制造出庞大的文献文本世界，才使得像波普尔那样的哲学家意识到世界 3 的独立存在。

但是，在文本的传播、扩散方面，印刷技术没有能够摆脱此前的模式：信息的流动依然依赖于物质的流动，而且这种依赖性大大增加了，因为它强调了社会的专业化分工和资源垄断。最典型的例子莫过于新闻和出版，信息需要印刷在白纸上，需要专业人员和专业机器设备；传播需要搬运纸张送达读者，而这在工业化社会里也需要专业的递送系统的人员。

广播、电视等技术改变了信息依赖物质流动的模式，复兴了纯物理作用（声波、电磁场或光信号）传递（扩散）信息的模式。在各种高度专业化的电子设备支持下，载体上存储的模拟信号以光速传播，极大提高了信息量和传播速度，但是在人与载体上的文本之间增加了"转换设备"，如信号发送端的摄像机、播出设备，以及接收端的电视机和收音机，文本被转换成看不见、摸不着的电磁模拟信号存在于载

---

① 参见 James A. Dewar 于 1999 年为 RAND 公司撰写的研究报告 *The Information Age and the Printing Press: Looking Backward and to See Ahead*。http://www.rand.org/。

体上。文本能够进行高速度、大信息量传输，代价是它们不再能够与人的感官进行直接的物理作用，也就是说，人不能直接感知它们。知识的创造、传播和接受三者之间的距离感更加扩大。电子技术为基础的信息处理、传送和接收，进一步加剧了信息行业的专业化分工趋势，为信息垄断创造了可能，这促使其文本的单向流动模式非但没有改变，反而通过以一对多的形式，使这一模式得到进一步强化。

然而，不论工业技术和电子技术怎样改变了信息的记录、复制和传播形式，在整个信息过程中人脑始终居于最核心的地位：它是信息的创造者、最终接收者，尽管它可能没有参与信息的部分记录、复制和传播过程。

第四节　计算机带来的信息处理变革

电子计算机是信息技术的核心。有关计算机的各种研究著作和论文已经非常多，仅仅从哲学角度开展的研究也可谓汗牛充栋，以至于任何人从事有关研究时，想比较全面地掌握所有文献实际上已经不可能。就我们现在讨论的信息化视野中的三个世界理论而言，来自波普尔的见解和文献不多。当计算机技术迅猛发展，学界（包括哲学界）对计算机的研究炙手可热之时，波普尔已是年逾古稀的老者了。本书有几处波普尔谈论计算机的引文，系从笔者所掌握的文献中引出，归纳起来，波普尔关于计算机的见解似乎只有以下几点：

①计算机犹如工具书，可以利用它查找对数表（因而其中存储的

数据属于世界3）；

②计算机是单纯的计算工具（人们只要设计好程序，它无疑是算得出的）；

③计算机的程序可以视为世界3成员。

可惜的是，他就到此为止了。仅仅从对于计算机的兴趣上看，波普尔实在只算得上是一个"近代哲学家"——计算机仅仅只是一种运算工具。如果只考虑他的猜想与反驳理论，或者证伪学说，一个牛顿时代的哲学家应当也有可能提出相同或类似的理论；如果只考虑他的三个世界理论，那么他完全可能只是一个古希腊时代的人物。事实上，波普尔就是一直把三个世界理论溯源到柏拉图（Plato, 427?—347 B.C.）的理念世界①，区别在于，他强调自己的世界3是人造的、进化的，不像柏拉图所说的是先验的、只能被人去发现的。

波普尔三个世界理论的核心是世界3概念，这个理论的灵魂却是人在世界3与世界1之间的关键性中介作用。然而，计算机表现出的智能已开始向人发出挑战，计算机在三个世界中的地位究竟应当是怎样的呢？

作为信息处理机的计算机，它所提出的问题

其实在信息时代，信息过程中载体的重要性相对此前下降了，取而代之的是信息的处理和传输的技术与设备。也就是说，有关世界3

---

① Karl Popper, *Objective Knowledge: An Evolutionary Approach*, Oxford University Press, 1983, pp.122–125.

的问题，在文本和载体之外，又增加了新的相关因素：数字化信息处理机——个人电脑，和紧密笼罩着全球的网络。这意味着，在整个信息过程中，主体的介入程度相对减轻，人脑的信息处理功能，相当大的一部分被计算机和网络所取代。

计算机先驱之一维纳（Norbert Wiener, 1894—1964）说：

> "计算机本质上是一种记录数字、运算数字并给出数字结果的机器。"[1]

计算机最初被当作运算机器，用于处理科学或工程中出现的数学计算问题，如第一台电子数字积分器（eniac）；人们还把它当作人工智能机，如弈棋机；网络发明后，计算机又成为通讯机，计算机可以是信源，可以是信宿，更重要的，它还是信息的终端和编码翻译器，把数字化信息转译为人的感官可以接受的声像形式。所有这些角色，是人们根据自己在现实世界中的需要赋予计算机的，同时，这也是人自己所扮演的角色。所有这些角色，从三个世界理论的眼光来看，都是要求计算机自动加工世界 3 中的客体，而不需要人的过多干预，最终实现人的意图。

波普尔曾经谈到过录音机不需要主观介入的编译码过程[2]，本文

---

[1] ［美］N. 维纳：《控制论》，郝季仁译，科学出版社 1985 年版，第 117 页。

[2] 参见［德］A. 奥希厄：《波普尔的柏拉图主义》，邱仁宗译，载中国社会科学院哲学所自然辩证法室情报所第三室：《第十六届世界哲学会议文集》，中国社会科学出版社 1984 年版，第 339 页。

就有关细节进行了讨论，并得出两个对计算机介入情形可能十分有用的结论：即，编码过程不一定需要世界 2 参与；世界 3 与编码形式无关。波普尔本人似乎没有注意到这样的情况可以推广到计算机。实际上，计算机应当是讨论与世界 3 有关问题的最合适的题目，也是最有挑战性的题目。

对待计算机的基本态度有两大类：一种态度极力推崇，例如艾什比（W. R. Ashby, 1903—1972）认为，可以设计制造出一个脑，它"能成功地应付比目前人类所能处理的更复杂的情况"，它是"一个能综合的脑，不仅应当会弈棋，而且最终能击败它自己的设计者"①。又如渥维克（Kelvin Warwick），他认为到 2050 年机器人也许将成为我们这个星球上的统治者，"机器会变得比人类更聪明，因此会成为一种主宰力量"②。

另一种态度则截然相反，极言计算机是被动的机器，其运行机制远不能比拟人脑，有代表性的如休伯特·德雷福斯（H. L. Dreyfus）说："企图给计算机编上程序，让它具有完整的、像雅典智慧女神那样的智能，会碰到经验性的困难和概念上根本的不相容性。"③又如约瑟夫·韦曾鲍姆（J. Weizenbaum）说："不论当今乃至今后的智能计算机发展到何种程度，都无力解决人类真正面临的问题和关注的焦

① ［美］W. R. 艾什比：《设计一个脑》，沈锷等译，载庞元正等编：《系统论、控制论、信息论经典文献选编》，求实出版社 1989 年版，第 413 页。
② ［英］凯文·渥维克：《机器的征程》，李碧等译，内蒙古人民出版社 1998 年版，第 11 页。
③ ［美］休伯特·德雷福斯：《人工智能的极限——计算机不能做什么》，宁春岩译，生活·读书·新知三联书店 1986 年版，第 298 页。

点，因为它们毕竟是外在的智能。"①

无论持上述两类中的哪一类见解，或者所见居于二者之间，人们应当都不会反对，计算机是一种信息处理设备，它具有数据运算、通信、编码形式转换等基本功能，这应当说是对计算机的最起码的认识了。这样定位计算机的功能，波普尔应当也不会反对吧！

我们试着从这个最起码的立场出发展开讨论。

首先，计算机是一种物质实体，就其硬件部分而言，是世界1成员，包括载体、计算机的核心设备微处理器和其他信息处理元、器件。这一点连对计算机最持批评态度的休伯特·德雷福斯也会同意，他说，"计算机是一种物理客体，但是要描述它的运算过程时，人们并不描述它的晶体管中的电子的震动，而是描述它的开/关触发器组织层次"②。

根据前面第二章讨论的谢米列基的信息分类，计算机能加以处理的属于元信息，或它的组合，这样的信息有语义和基本的结构。按波普尔的见解，它属于人类的精神产品，因而是世界3客体。也就是说，计算机处理的是世界3客体。

根据前面对于计算机程序的讨论，使计算机得以正常运行和操作的是程序软件，波普尔和我们都同意，程序属于世界3。

计算机输出的是经过它产生的，或者转译了编码的，或者它运算

---

① 转引自〔美〕西奥多·罗斯扎克：《信息崇拜——计算机神话与真正的思维艺术》，苗华健等译，中国对外翻译出版公司1994年版，第109页。

② 〔美〕休伯特·德雷福斯：《人工智能的极限——计算机不能做什么》，宁春岩译，生活·读书·新知三联书店1986年版，第187页。

处理出结果的，或者它接收到并且又转译和处理过的信息，这些信息原则上讲，仍然属于世界3。

但是，从这里开始，我们不得不面对以下几个问题：

①计算机自己产生的信息，当然是符合某种编码规则并且有特定语义的，是合法的世界3成员吗？如果，像波普尔所说的那样，编码过程并不需要世界2主体的参与，那么计算机控制某些探测器或元件采集到自然信息（大致如同波普尔所说的录音机记录下声音信号那样，但是比它更进一步，是数字编码的，而数字编码是计算机在特定程序控制下实现的），如大气资料或者地震资料，进而按预定规则加以编码并处理成文本，这样的文本算还是不算世界3的合法成员？如果算的话，世界3的基本定义——它是世界2的产物——有没有必要加以修正？怎样修正？

②如果计算机是世界3的生产者，它会给世界3的特性如自主性，带来什么变化吗？

③计算机的输出结果，必须要以某种物理形态呈现在人们面前，如图像、声音或某种形式的机械运动，通常这通过计算机在程序控制下驱动某个或多个外围设备加以实现，如显示器、音箱、打印机等，才能为人的感官所感知进而理解，这是不是表明了计算机本身已经证明了世界3可以直接作用于世界1客体？

④这些问题对于人意味着什么？对于三个世界之间的相互关系又意味着什么？

以下我们试图给出对第一个问题的回答，后三个问题涉及因素较多，将在第四章回答。

计算机：世界 3 的生产者？

在回答计算机是不是世界 3 的合法的生产者的问题之前，我们先来考虑一个数学史上的著名例子：四色图问题及其机器证明。

1850 年，英国伦敦大学研究生 F. 居特里（Francis Guthrie, 1831—1899）提出，要区分英国地图上的郡，只要有四种颜色就足够了。其数学表达是，给平面上或球面上的地图着色，只需要有四种颜色，就足以能使有共同边界的两个国家有不同的颜色。

其后在一百多年时间里有数十名数学家曾致力于证明这一猜想，但是无法得出令人满意的解答，通常需要对国家的数目、地图的类型作出种种限制，直到 1968 年，才有人证明四色图猜想可以适用到 40 个国家的情形。1976 年，阿佩尔（K. Appel）和哈肯（W. Haken）以非常复杂的、借助巨型计算机的分析证明了这一猜想。这一证明包含对 1936 个简化的格局的细审，每一个又需要搜索直到 50 万个逻辑选择以证明其可简化性。这是数学家们有史以来第一次面对一个不可能由人手来完成的运算和证明任务，其中，仅仅对每一种格局的检验就要花费巨型计算机许多个小时的运算时间。最后这步工作花了 6 个月时间，于 1976 年 6 月完成。有关结果的核对又花了 1 个月时间。

这项证明完成后，国际数学界用了 20 年时间才逐渐接受，而这是在不同国家的数学家在不同的计算机硬件和软件配置背景上采用阿佩尔和哈肯的证明策略得到相同的证明结果后。

数学家伊夫斯（H. Eves）评论说：

"阿佩尔—哈肯的解无疑是一项惊人的成就，……人们开始怀疑：数学也许包括超出这种认识之外的问题，即包括单靠人脑根本解决不了而必须用计算机才能解决的很复杂的问题。有足够的理由相信存在这样的问题。"①

在伊夫斯看来，计算机的发明，以及四色图猜想的证实，都是数学史上里程碑事件。

与四色图猜想相类似的例子还有，20世纪70年代里用计算机搜寻素数、KAM②定理的条件分析和混沌学中所谓洛仑兹吸引子的发现。其中，素数在通信编码的加密和解密处理中有重要应用价值，发现新的素数本身也有重要数学意义，但是进一步发现新的素数所涉及的运算量早已远远超出人力所及，使用大型和巨型机已是必由之路。

KAM定理指出，在不可积分的力学系统中，在扰动较小、导致不可积分的附加项很小、系统离开共振条件一定距离三个条件下，对于绝大多数初始条件，弱不可积系的运动图像与可积分系统基本相同，整个系统的运动可以维持稳定，但并不是确定的运动。然而，由于涉及多体力学问题，要对不满足该定理条件的系统的运动进行分析，需要使用电子计算机进行数值试验。结果显示，破坏任何一个

① [美] H.伊夫斯：《数学史上的里程碑》，欧阳绛等译，北京科学技术出版社1990年版，第416—417页。本节所举的例子的有关内容均出自这同一本书。

② "KAM"是三个数学家姓氏第一个字母组成的，即A. N. Kolmogorov, V. I. Arnold和J. Moser。

KAM 定理条件，整个系统的运动图像趋于混沌。其中，不可积分附加项的系数增大时，运动轨迹所组成的环面逐个破坏，每个环面都是由频率之比为无理数的准周期运动造成的。越难用有理数逼近的无理数，相应的环面坚持得越久，逼近最慢的最"高贵"的无理数就是黄金分割比 0.618……它对应最后消失的一个环面[1]。

郝柏林院士指出：

"KAM 定理是一种关于稳定性整体的论断。轨道的不稳定性则是力学运动中出现随机性、不可预言性和混沌的原因。""这种随机性是不可积力学系统的内秉性质，并不来自随机外力、环境涨落、噪声干扰等外界因素。牛顿力学具有内在的随机性，具有决定论传统的天体力学家们也开始接受这一命题。"[2]

对于我们的论题而言，KAM 定理及其数值演算实验展示了人脑力所不能及的方面，它需要进行大量繁杂的数值计算，这是人脑不可能完成的，然而却能够由计算机来完成：机器运算成为人脑功能的补充。而正是在这脑力所不能及的范围中，存在着对于人的认识和科学研究有重要意义的知识，以及波普尔指出过的那些"自主的"规律性，只有计算机能够"发现"它们。

---

[1]　郝柏林：《牛顿力学三百年》，载孙小礼、楼格主编：《人·自然·社会》，北京大学出版社 1988 年版，第 31—43 页。

[2]　郝柏林：《牛顿力学三百年》，载孙小礼、楼格主编：《人·自然·社会》，北京大学出版社 1988 年版，第 39、40—41 页。

混沌学也证明计算机有这种发现的能力。气象学家洛仑兹（E. Lorenz）在用电子计算机对气象条件进行数值模拟时，偶然发现初始条件的微小差异导致结果的巨大变化，直至不可预测，即所谓的"蝴蝶效应"。但是，洛仑兹发现，对于某些非线性系统（如含有散热、摩擦之类耗散项的），系统的运动轨迹"显示出一种无限复杂的图形，它虽然永远处在一定的界限内，不会跑到画面之外去，但又不自我重复。它描绘出一种奇怪的、特殊的形状，像是三维空间中的一种双螺旋，又像蝴蝶展开了两翼。它的形状标志着纯粹的无序，因为没有任何一个点或一批点组成的图形会再次出现，但是它也标志着一种新的有序"①。

这几个例子的要点在于，如果没有计算机，我们就不可能获得这些新的认识，是计算机为我们"发现"了它们。换句话说，计算机在预先设计的程序的引导下"创造出"了新的知识，这些新知识不是人脑可以轻易创造出来的。

计算机在特定程序支持下具有创造新的世界3的能力的观点，也得到计算机仿真学研究的支持。圣菲研究所研究员、维也纳理工大学教授约翰·L.卡斯蒂仔细分析了乔姆斯基语言学、西洋音乐的调性与结构、作曲家勋伯格的无调性十二音音律，以及计算机科学家西姆斯（Karl Sims）根据LISP语言编制的艺术演化程序，指出，"关于控制语言、音乐和艺术交流的例子表明，没有什么实在的障碍使这些规则不能在计算机中再现出来，这就为机器的创造力提供了可能。计算

---

① ［美］詹姆斯·格莱克：《混沌——开创新科学》，张淑誉译，上海译文出版社1990年版，第32页。

机可以像成为计算工具一样成为创造工具"①。

　　承认计算机的创造能力，会首先遇到一个问题，即计算机的创造物如何能够容纳到三个世界理论之中。根据波普尔的定义，世界3是人的精神活动的产品，按三个世界理论来理解，四色图问题的计算机证明、**KAM**定理问题和洛仑兹吸引子都是一个从世界3再到世界3的过程，当然，这中间有人的介入，然而这样的人的介入与古典数学崇尚的"一个足够优美和简明、单靠人的脑子就能证实的证明"②显然不能作等量齐观，不是波普尔的"它无疑将算得出"可以一言以蔽之的。其中关键的"证实"或"发现"部分是计算机的贡献，而这种贡献如果被排斥在世界3之外就太不合理了，可是如果吸收进世界3又显得勉强，因为与波普尔对世界3的定义相违背：波普尔的世界3只能是人脑的创造物。

　　解决的方案有两个。方案一，按某些研究者的意见，从世界3分化出来的、表征性的世界，也具有相对独立性，应称为世界4，世界4是符码的世界③。也就是说，计算机（世界1）加程序（世界3）生成世界4。方案二，修改世界3的定义，或者说适当扩大世界3的范围，使之能够包容由计算机"创造"出来的新知识。我们既然已经通过扩大世界3的范围把计算机程序包括进来，通过运行程序而得到的合理的结果应当被自然延伸包括进来。这种"自然延伸"是合乎逻辑

---

① ［美］约翰·L.卡斯蒂：《虚实世界——计算机仿真如何改变科学的疆域》，王千祥、权利宁译，上海科技教育出版社1998年版，第66—78页。

② ［美］H.伊夫斯：《数学史上的里程碑》，欧阳绛等译，北京科学技术出版社1990年版，第95页。

③ 孙慕天：《论世界4》，《自然辩证法通讯》2000年第2期。

的，是问题的形式化的必然结果。

这就是说，计算机处理的信息并不改变其所属的存在性，尽管它增加了知识或信息的含量或丰富程度，更明确地说，是世界3在计算机的帮助下自行创造了新的世界3，这个过程不一定要人的介入。

我们更倾向于第二个解决方案。因为第一个方案所定义的世界在其本性上与世界3太过于接近，其差异只表现为编码形态的不同。考虑录音机的例子，人说话或唱歌的内容还是世界3，到了磁带上竟成了世界4，其实所谓变化只是编码形式不同，这是令人难以接受的。此外，以此类推，也许还会派生出更多的"世界"，会造成"世界"的滥觞。

波普尔本人也曾考虑过世界4甚至世界5的提法。他在《开放的宇宙》中说："艺术的产品和社会建制的世界3可以收归到世界3之下，或者称为世界4和世界5，这只是个口味和方便与否的问题。"[1] 此外，波普尔在试图进一步细致划分世界3时，甚至还提到过世界3.1、世界3.2和世界3.3等提法[2]。

牛顿在解释他的宇宙图景时曾经订立过几条"哲学中的推理规则"，其中第一条指出：

---

[1] Karl Popper, *The Open Universe: An Argument for Indeterminism*, Rowman and Littlefield, first publish 1956, reprinted 1982, p.154

[2] 波普尔的世界3.1（指世界3中物化的和存储起来的部分）、3.2（指自觉意识到的思想的世界）和3.3（指影子的世界，影子可以被照相，也起到对动物的示警作用）的提法，见 P. Schilpp（ed.），*The Philosophy of Karl Popper*, Vol. 2 , La Salle, Illinois: Open Court, 1974, pp.1050–1052。

"寻求自然事物的原因，不得超出真实和足以解释其现象者。"①

我们在此面对相似的情形，我们没有理由也没有必要设定过多的"世界"而使理论显得复杂。

但是，大脑的产物与计算机的生成物毕竟有所不同，似乎有必要对计算机的生成物给出一些限制。初步考虑，就是计算机的结果应当是能够为人所理解的，如四色图猜想的论证结果，以及对 KAM 定理和洛仑兹吸引子的解释与评价那样。这样的限制还可以适用于计算机处理结果的物理显示（世界 1），它确保计算机处理的结果能够为人的感官所接受，如声音和图像。应当不难理解，这样的限制也确保了人在三个世界相互作用关系中的主动和原创者地位。

关于世界 3 定义的再次修正

按照第二个方案，世界 3 的定义需要再次修正。我们已经在本书中多次讨论过世界 3 的定义问题，第一章中我们就波普尔本人的定义进行过较为充分的讨论，第二章一开头就给出了我们对波普尔的这个定义的修正。这两个定义共同之处在于强调了世界 3 是人类精神活动创造物的提法，它们显然都包含这样的意思：世界 3 是人类精神活动的直接创造物。这一点在以前的讨论中并没有显现出来，本章的讨论

---

① ［英］伊萨克·牛顿：《自然哲学之数学原理》，王克迪译，陕西人民出版社、武汉出版社 2001 年版，第 447 页。

使得这一点变得明晰起来。有两种途径进行修正：一种是通过强调计算机创造的知识属于人类精神活动的间接产品，把它包容进第二章的定义中；另一种是通过突出计算机与人脑在信息处理方面的共同性，以及它们的创造物所共同具有的编码特性，把两种创造物都归为一类，即世界 3。

我们认为，后一种修正具有更大的灵活性和概括性，也更加勇于直面现实。在以计算机为主体的信息处理技术兴起后，突破波普尔所强调的世界 3 只能是人类精神活动产品的限制，其实只是个时间问题，世界 3 作为一般的、广义的信息处理的结果，其本身所具备的编码特征迟早会得到确定，这才应该是对于世界 3 更好的概括。

我们还应当考虑到，即使是这样的概括，也还是相当倾向于把世界 3 与人类的活动（尤其是精神活动）紧密联系在一起，不论它是直接的还是间接的。然而，如果要使我们的讨论富于前瞻性，就要顾虑到未来的信息处理技术的发展。例如，一般认为，未来的计算机处理信息的方式将会由使用今天的集成的微处理器中的大量逻辑电路变化为量子运算，量子运算不再使用相当笨拙的逻辑运算，而是直接利用自然物理过程进行计算和存储。计算机专家们指出，量子计算机将具有比今天的计算机高出成千上万倍的运算和存储能力；而由哲学的眼光审视，量子计算所利用的自然物理过程乃是最为显著的考虑因素，因为它十分可能极为接近于人类大脑的思考方式。无疑，量子计算机将是今天的计算机的同类，即由人类编写的软件控制下的人造机器来进行信息处理，它在本质上还属于技术和机器范畴，但是它的行事方式和原理将会如此接近于人类大脑，使得我们将不得不更加严肃思考它与人脑究竟有何区别。

与量子计算机同步发展的，还有光子计算机、生物分子（DNA分子）计算机等，这些都在运用自然物理过程或生物—化学过程方面比今天的计算机更加接近人脑。

难道这些计算机所发现和创造的知识将不能作为合法的世界 3 成员吗？难道我们讨论的三个世界理论能够忽视它们吗？

计算机与人工智能

从某种意义上说，今天世界上只有两种信息处理设备，人脑和电脑。人脑是天然的"信息处理设备"，兼具信息载体和处理器两大功能。这样的描述不一定准确，人脑处理信息的机制目前还有待进一步发现和研究。电子计算机在通信方面表现得比人脑出色，包括存储记忆、当作信源和信宿、传输信息的速度等方面，人脑几乎望尘莫及；在信息处理方面，由于计算机表现出明显的智能，许多研究者特别是人工智能研究者坚信计算机原理就是，或者至少是接近于人脑的思维机制。这是计算机向人脑提出的最大挑战。人们在回应这种挑战中有着截然不同的观点。

设计"弈棋机"模型的申农认为：

"可以设计出能够'思维'的机器，……它们能够做很多接近于推理过程的某种事情。……这些机器的基本结构是如此普遍和富有适应性，以至于它们能够适合于从符号上处理代表词、命题或者其他概念性实体的那些要素。"①

在国际商用机器公司的高速计算机"深蓝"（Deep Blue）战胜国际象棋大师卡斯帕罗夫（Kasparov）之后，就有人论证意识是一种普遍的生物学现象，不仅存在于人类，存在于其他许多动物，还存在于机器，"我们应该坦率地承认，机器模拟人脑的活动是完全可能的"②。这些人问道："今天输掉了最伟大的棋手，人类明天将输掉什么？"③

对此，有些人的回答将是"输掉整个世界"，机器将会运用自己的智力战胜人类，奴役人类。凯文·渥维克设想了机器将把人类当作苦役和生育机器的前景，他解释了为什么机器人将统治世界的理由后说，

"由于在综合智能上的优势，我们人类目前仍是地球上占统治地位的生命形式；在不远的将来，机器可能会变得比人类更聪明；那时，机器将会成为地球上占统治地位的生命形式。……如果有人问我们究竟有多大把握能避免第三点的发生，……人类只有两种可能性，要么可能性极其微小，要么根本没有，现在微小的可能性也已经被排除在外了"④。

① [美] 申农：《弈棋机》，载庞元正等编：《系统论、控制论、信息论经典文献选编》，求实出版社 1989 年版，第 601 页。
② 吕武平等：《深蓝终结者》，天津人民出版社 1997 年版，第 12 页。
③ 吕武平等：《深蓝终结者》，天津人民出版社 1997 年版，封面。
④ [英] 凯文·渥维克：《机器的征程》，李碧等译，内蒙古人民出版社 1998 年版，第 273 页。

这样的前景实在令人不安。不过反对这样的认识的人更多。维纳在早年曾被认为属于崇拜机器阵营的人，其实在他的名著《人有人的用处——控制论和社会》中，也认为计算机不能进行善恶判断，就是说计算机不能进行以人为中心的价值取向判断，不能使社会变得更加合理。维纳说：

> "不管我们愿意与否，有许多东西我们只好让熟练的历史学家用不'科学'的、叙述的方法去研究。"[1]

显然，维纳认为机器的"思考"方式与人类的完全不同，机器只会做形式化的、逻辑的、用他的话来说就是"科学的"和"分析的"计算，与之相对立的是人的"历史的"、"叙述的"思维方式。持此见解的不独维纳，写出《人工智能的极限——计算机不能做什么》的作者休伯特·德雷福斯认为西方科学传统中一直有一种错误信念，以为人类的知识可以全部进行形式化处理。他指出，相信计算机无所不能的人在哲学上的错误在于，认为"任何过程如果能够形式地达成一系列对离散元素进行操作的指令，则至少在原则上可以由这种机器复制下来。这样，即使是模拟计算机只要它的输入输出关系可用准确的数学函数描写出来，就能够在数字机上模拟下来"[2]。

---

① ［英］N.维纳：《人有人的用处——控制论和社会》，陈步译，商务印书馆1989年版，第164页。

② ［美］休伯特·德雷福斯：《人工智能的极限——计算机不能做什么》，宁春岩译，生活·读书·新知三联书店1986年版，第86页。

因此，他认为：

"我们必须圈定什么可以作为计算机信息加工的界限。一个解算描写模拟信息加工装置的方程式因而模拟这个装置功能的数字计算机，并不是在模拟它的'信息加工'。它所加工的不是模拟后的模拟机所加工的信息，而是有关模拟机物理或化学属性的全然不同的信息。"①

德雷福斯得出结论：

"计算机只能处理事实，而人——事实的原本——不是事实或一组事实，而是生活于世界的过程中，创造自身即事实世界的一种存在。这个带有识别物体的人类世界，是由人靠使用满足他们躯体需要的躯体化的能力组织起来的。没有理由认为，按人类的这些根本能力组织起来的世界，可以用其他的手段进入。"②

类似的见解，我们还可以听听波普尔的声音：

"计算机能思想吗？我毫不犹豫地断然回答：'不能！'我们将会

---

① [美] 休伯特·德雷福斯：《人工智能的极限——计算机不能做什么》，宁春岩译，生活·读书·新知三联书店 1986 年版，第 203 页。
② [美] 休伯特·德雷福斯：《人工智能的极限——计算机不能做什么》，宁春岩译，生活·读书·新知三联书店 1986 年版，第 298 页。

建造像计算机那样的能思维的机器吗？在这里我的回答就有点犹豫
了。在登上月球、把宇宙飞船送往火星以后，就不应当再教条主义
地对待人类能取得什么成就的问题了。但我还是不认为我们不需要
首先制造活的有机体就能够制造有意识的生物，这似乎是极其困难
的。意识在动物中间具有一种生物学功能。机器有意识，我认为是
根本不可能的，除非机器需要意识。……事实上尽管计算机的能力
给我以深刻印象，但我认为人们对它们太过大惊小怪了。"①

物理学家保罗·戴维斯（Paul Davis）也极力宣扬计算机的局限
性，他是流传很广的《皇帝的新脑》和《上帝与新物理学》的作者，
他借助哥德尔（K. Gödel, 1906—1978）不完全性定理证明计算机永远
不能模拟人的精神，他借用牛津大学哲学家 J. R. 卢卡斯（J. R. Lucas）
的话说，"哥德尔定理证明了机械论是错误的，即精神是不能像机器
一样解释的"。戴维斯认为，"不管我们建造的机器有多么复杂，它都
受制于哥德尔程序，发现某一公式在这一系统中不能证明。该公式机
器不能证明为真，但人运用智力却可以看出它是真的。因此，用机器
来作为精神的模型仍然是不适当的"。戴维斯说：

　　"哥德尔不完备定理的重要性在于，它通过把主体与客体混
　　合在一起，证明了在逻辑分析的基本层面上，自指能够导致悖论
　　或不决。这定理现在也被认为是意味着，一个人永远也不能了解

---

① Karl Popper, "Three Worlds", in *The Tanner Lectures on Human Values*, ed. by Sterling M.
McMurrin, University of Utah Press, Salt Lake City, 1980, pp.165–166.

他自己的精神，甚至原则上也不可能了解。"①

计算机图像识别专家渡边慧指出，哥德尔定理意味着：

"存在这样一种定理，它不能用算术定理证明是正确的还是不正确的。只要称得上是定理，总要决定是真实还是谬误。粗浅地说来，哥德尔定理就是这样的定理，它证明了没有证明那种定理的方法。

"证明哥德尔定理时作为工具用的语言是对象语言，所以成了符号逻辑。我们可以用那种符号逻辑得出刚才的结论。那就可以把使用符号逻辑的语言说成是元语言。就是说，我们的思考分两层，我们很好地使用了这两个层次。有这两层就可以证明哥德尔定理。用电子计算机能不能实际上做这样的事呢？换句话说，用电子计算机能不能发现哥德尔定理本身呢？这还是一个疑问。当然，说起来，只要把元语言的逻辑引入电子计算机，再由它造成符号逻辑、对象语言，岂不是也能全部做到这一点吗？仔细想来，如果把现有的元语言当作对象语言，处理这新的对象语言又要使用新的元语言，这就永远也没完没了了。最后，看来只能剩下一种全人类所使用的语言了。"②

---

① 转引自［英］保罗·戴维斯：《上帝与新物理学》，徐培译，湖南科技出版社1992年版，第101页。

② 见［日］渡边慧：《人工智能的可能性和界限》，乔彬译，《外国自然科学哲学摘译》1974年第2期。

　　我们倾向于反对一方的立场，认为计算机以其目前的水平和原理架构，完全不可能向人类发出挑战，更不可能真正取代人的智慧。其实，很难想象，会有人真心希望有朝一日人类的家园完全被机器所统治。问题在于，即使令人充分信服地证明计算机不能取得人类的全部智慧，尤其不能取得人类的情感、信念甚至自我意识，还是不能使人不担心计算机会统治世界。实际上，在西奥多·罗斯扎克（T. Roszak）看来，今天的计算机和信息崇拜已经多少证明了这一点。他在《信息崇拜——计算机神话与真正的思维艺术》中，痛陈"信息崇拜"现象之种种，列数"软件的诱惑"，呼吁人们重视"吉戈"（GIGO）原则，他解释说：

　　　　"这条原则的意思是输入的是垃圾，输出的也是垃圾。在鉴别计算机的信息质量方面，计算机并不比人类的智能做得更好。吉戈原则有必要扩展到程序中。计算机运行的数学严谨性也许会使一些人错误地理解吉戈原则，好似阿什利·蒙塔古描述的那样，输入的是垃圾，输出的是信条。"[1]

　　计算机表现出的智能的确令人生畏，但是，如果我们认识到即使是单独一台计算机，它所表现出的智能和知识是综合了无数人的精神创造、融合了无法计量的世界 3 的内容之后才会有的，我们应当释然于胸。谙熟计算机以及有关软件编程工作的计算机专家们比哲学家们

_____

[1]　[美] 西奥多·罗斯扎克：《信息崇拜——计算机神话与真正的思维艺术》，苗华健等译，中国对外翻译出版公司 1997 年版，第 109 页。

更能清醒地看待局势。阿达·德洛夫莱斯说过：

> "计算机丝毫没有创造的意图。它能够做人们要它做的一切。它永远不会具有预料某种关系的能力，它唯一的职能是帮助我们找到答案。"①

我国计算机专家洪加威指出，目前获得长足发展的是数字计算机，但是真正能够模拟人脑的智能计算机应当是数字计算机与模拟计算机相结合，并且采用大规模并行计算。以目前计算机发展的水平来看，距模拟人脑还差得太远，决不能盲目乐观②。

戈雷高里·罗林斯（G. J. E. Rawlins）在其著作《机器的奴隶：计算机技术质疑》中以清晰简洁的话语说出了内行人所熟知的计算机的局限所在，他的话应当能够教人看清计算机不能做什么，

> "传统的编程工作只有在满足以下五方面的条件时才能做好：第一，我们准确地知道自己想干什么；第二，我们能预见到每一种可能的结果；第三，我们能为每一种这样的结果设计好正确的行动；第四，我们能准确无误地应付每一个偶发事件；第五，我们需要特别有效的解决方案。一旦我们的问题又大又复杂，上述的五个条件就都不能满足。这就是我们现在面临的问题，它只有

---

① 转引自［法］让－雅克·赛尔旺－施莱贝尔：《世界面临挑战》，朱邦造等译，人民出版社 1982 年版，第 289 页。

② 洪加威：《人脑和智能计算机》，《哲学研究》1985 年第 11 期。

一种解决方法"，那就是：杀死程序员。①

从罗林斯的话中我们得到很大安慰。计算机究竟还是一个纯粹技术产物，是人类智慧的结晶，罗林斯罗列的使计算机成为可以运行的程序的五大条件，都是世界3的成员，更确切地说，都是人的精神的产物。其中第一个条件是专属于人类精神的，其他几个也许可以在一定程度上得到计算机的协助，但都不是计算机能够独立完成的。这意味着至少三点：

第一，计算机处理的信息只能来源于世界3；

第二，计算机正常运行依赖人的操纵；

第三，计算机只可能服务于人，而不可能统治人。

计算机所能做的其实还是十分有限。特别是，发生罗林斯所说的现在面临的问题，我们的问题又大又复杂，只有一种解决的方法，即杀死程序员，那也不是计算机所能够做得到的，甚至也不太可能是计算机能够做得出的判断。

然而，尽管计算机不能摆脱罗林斯谈到的五个条件的限制，但是在其限制以内，还是拥有很大回旋空间的，毕竟计算机已经能做很多事。计算机表现出的潜能和智慧，应当而且必须理解为有关技术和思想即信息时代世界3自主性和超越性的表现。这种自主性和超越性与波普尔所认识到的不同，它在很多方面不是通过人去"阅读"或"研究"世界3得出的，而是通过计算机把世界3与世界1直接联系起来

---

① ［美］罗林斯：《机器的奴隶：计算机技术质疑》，刘玲等译，河北大学出版社1999年版，第126页。

实现互动而呈现给人的，这种互动可以形成人前所未有的体验，使人面对前所未有的新的物理实在。

我们可能已经引用、罗列得太多了。总之，计算机的出现为信息处理带来几个重要的变化：一是信息被数字化；二是信息有了自行变化、移译、复制和传送的可能；三是数字化信息获得了无限精确地模仿和再现人类的一切思维活动的能力；四是数字化信息具备了独自（即不需人类活动介入）创造出人类完全不曾产生的知识（信息）的能力；最后，也是最重要的，是计算机作为一种信息处理机，它使得世界3与世界1有可能进行直接互动，而这种互动是信息时代文明的基础。当一台计算机做不到时，可以把许多计算机连接起来一起做。

第五节　基于计算的网络

如果单纯从修正和发展波普尔三个世界的理论、研究三个世界之间的相互作用关系的角度考虑，对文本、程序、计算机和人之间的相互关系加以考察，应当已经可以达到目的，因为那些讨论似乎已经具备了所有必须加以考虑的要素。然而，在信息时代的今天，这样的考察无论如何是不完备的，20世纪末对人类发挥最大影响的事物中，与计算机并驾齐驱的是网络。网络的出现，使计算机强大的信息处理能力得到最大限度的利用和开发，计算机能做到的更多了。借助网络，每一个个人有可能运用计算机自由地出入于数字化的信息世界。其结果是，整个人类社会的运作机制、结构、人与自然、人与其精神创造物、人与人之间的关系，甚至人对自己的自我认同等都开始发生改变，而我们有理由认为，这还仅仅是开始。

网络问题已经引起极为广泛的讨论，目前是社会学、人类学、伦理学、文化学、经济学、教育学、管理学等学科的热门话题，已经发表的著述文献可以用"浩如烟海"来形容，仅我国大陆在 3 年左右的时间（1997—1999 年）里，有关网络的各类研究著作已有数百种，更不用说因特网上多得根本无法统计的文献。一项比较单纯的技术在如此之短的时间里发展如此之快，其应用引起如此之大的社会反响，带来如此之大的社会变化，被寄托以如此之多的期待，有史以来还绝无仅有。

但是我们不能偏离本书的主题。本书感兴趣的是网络对三个世界之间的关系意味着什么？我们首先看看在世界 3 里由"网"到"网络"的进化，再考察网络作为世界 1 客体的基本特性，然后回答网络在三个世界之间的地位及其对于人的影响问题。

"网"字字义

"网络"一词由"网"字派生而来。"网"原指由线状物以适当间距相互打结而构成的透孔织物，其起源大概可以追溯到距今 13000 年前的旧石器时代①，是先民用以捕鱼谋生的用具。后汉许慎《说文解字》曰：

---

① ［英］黑兹尔：《网》，载［英］德博诺编：《发明的故事》下册，蒋太培译，生活·读书·新知三联书店 1986 年版，第 685 页。

"网，维纮绳也"；

《诗经·邶·静女》：

"鱼网之设，鸿则离之"；

《易系辞下》：

"作结绳而为网罟，以佃以渔"。

另一方面，古人还用网字比喻法制状况，司马迁《史记·酷吏传序》：

"昔天下之网常密矣，然奸伪萌起，上下相遁，至于不振。"

后人又多有"法网恢恢，疏而不漏"的借用。在今天利用因特网通缉在逃罪犯，这一隐喻又有了更确切的意义，洋溢着时代气息。此外，网还用于与渔网相似的事物，如《楚辞·宋玉·招魂》"网户朱缀，刻方连些"；又作动词，喻搜寻，如《史记·太史公自序》有"网罗天下放失旧闻"语[①]；等等。

网的英文对应词是 net，同义词有 web，二者并无本质区别。在

---

① 引自"网"，《辞源》条目。

近代早期的 1560 年，出现 network 一词，用以描述像运河那样的大型人造物①。1887 年后，一些与渔网形似或神似的人工产物被描述为 network，如电网、电话网、铁路网和公路网等，有些修辞的场合也用 web，如 highway web。但其使用频度较高的用法还是指无线电广播网和电视网，尤其是指有线电视网，这一用法的出现，应当不早于无线电广播（1918 年），或无线电电视（1940 年）②。在 1986 年出版的《韦氏大字典》中就是这个用法；迟至 1991 年出版的《简明不列颠百科全书》第 15 版也是这样解释的。从这两本工具书中，我们注意到：第一，英文中不曾有以网喻法律制度的用法，网的原意专指实体的事物；第二，迟至 20 世纪八九十年代，计算机网络早已大行其道，但权威辞典和大型百科全书中竟毫无反映。直到 1994 年，韦氏数据库（the Webster Database）中才出现 network 被用于专指个人电子计算机的局域网（local area network）的记录，而根据该项记载，这一用法最早出现于 1981 年。

不过，从"网"（net）字的英文含义，可以大致推知，在大约 400 年前，"网"就有了物流传送的含义，100 多年前，它就可以明确地用于指示信息传递（文本传递）系统。20 世纪 90 年代，"网络"（network）作为最重要的信息传送体的含义终于得到博学的语言学家们的认可。

---

① Encyclopedia Britannica CD 2000。该百科全书引用的 Merriam-Webster Database。

② ［荷］H. A. G. 哈泽：《电子元件 50 年》，顾路祥等译，科学技术文献出版社 1980 年版，第 13、20 页。

承载赛伯空间的网络

从通信理论的角度来看，涉及信息的过程无非是信源、信道和信宿三个环节。计算机担当了信源和信宿的重任，而网络则起到了信道的功能，但是它把这种功能大大扩展了。

被誉为网络界哲人和发展趋势预言家的保罗·沙弗（Paul Saffo）在谈论到网络时说：

> "长久以来，我们都把通信当作是两地之间的管道。现在这管道已经变得庞大且有趣，通信已经不只是管道，而是目的地——用玩家的话来说，那就是电脑空间（赛伯空间）。"[①]

赛伯空间一词已经进入哲学研究的视野，从三个世界理论的角度也能进行有意义的讨论，本书将在下一章对此作出尝试。而把整个网络理解为经典通信理论中的信道，是一种视野开阔的见解。

信道，也就是信息的传输载体，只承担较为单纯的信息的通道作用，它不负责信息的存储和处理任务，在经典通讯理论中，信道"是发送机到接收机之间用以传输信号的媒质。它可以是一对导线，一条同轴电缆，一段射频的频带，一束光线等等"[②]。信道是单独一台

---

① ［美］约翰·布洛克曼：《未来英雄——33位网络时代精英预言未来文明的特质》，汪仲等译，海南出版社1998年版，第259页。

② ［美］申农：《通信的数学理论》，沈永朝译，载庞元正等编：《系统论、控制论、信息论经典文献选编》，求实出版社1989年版，第509页。

发送机与单独一台接收机之间的信号传输载体，申农等人研究了这样的系统中信息传输的种种问题，指出无噪声的离散系统存在的可能性，奠定了数字化通信的理论基础。今天的网络化把申农的这一系统发展了，在一种空间拓扑结构中，每一个网络节点都是计算机，每一台计算机都既是发送机又是接收机，每一台计算机都可以与网络上的任意一台别的计算机进行直接通信，也可以与原则上任意多台计算机进行同时通信，网络上所有的计算机都是平等地位的。与此同时，

> 计算机之间交换的信息都是数字化的，数字化通讯确保通讯过程的无噪声干扰[1]。

计算机网络的基本用途是进行数字化通信。目前连结整个计算机世界的网络，其基本原型是美国的阿帕网（Arpanet），它建成于 1969 年，最初连结美国东、西海岸 4 台电子计算机，到今天已经连结起世界上几亿台计算机。阿帕网，以及今天的整个因特网，基本设计思想来自美国兰德公司，该公司研究人员保罗·巴兰（Paul Baran）于 1964 年发表研究报告《论分布式通讯网络》[2]。提出：受到核武器打击后还能保持信息通畅的通信系统必须具备两个条件：没有中央控制；

---

[1]　［美］申农：《通信的数学理论》，沈永朝译，载庞元正等编：《系统论、控制论、信息论经典文献选编》，求实出版社 1989 年版，第 511—540 页。

[2]　Bruce Sterling, "Short History of the Internet", *The Magazine of Fantasy and Science Fiction*, Feb., 1993.

从一开始就设计成残存的局部仍能正常运行。该报告建议使用分布式网络取代中央控制式网络。

巴兰提出的原理很简单：首先要假定通信网络在任何时候都是不可靠的。它必须在不可靠的情况下工作。网络上的每一个节点都与其他所有节点享有同等的重要性，都有权发出、传递和接收信息。要传送的信息必须加以分割，分割开的每一个小部分(称为"包"或"信包")都分别标明地址。每一个信包注明发出地址和终点地址。信息在发送时，被切割开的信包就散布于整个网络中，各自独立地沿网络传送。

每一个信包在网络中具体的行进路径并不重要，重要的是它最终到达终点，并被重新合成为与原先发出时一样的完整信息。

这样的网络要求通信系统是数字化的。更重要的是，在这样的网络系统中，每一个节点都必须能独自完成信号的发送和接收工作，因此，满足巴兰原理的通信网络，必须是每一个节点都是由电子数字计算机构成的。这样的网络与传统的中心发射台（站）加上大量的被动接收装置（收讯机，如电视机、收音机）所组成的网络有根本的不同。

巴兰的通信原理后来被称为"包切换"（Packet Switching），我国也有文献称为"分组交换"。这一原理是今天因特网上所有信息传递的基本法则。值得注意的是，几乎与巴兰同时，MIT 的克莱因罗克（L. Kleinrock）和英国国家物理实验室的戴维斯（D. W. Davis）都得出完全相同的结论：远距离网络通信必须采用分布式网络和"包切换"技术才能实现。特别是戴维斯，"包切换"的名称正是他提出的，而且，他提出建立这样的通信网络目的与美国军方的不同，他的目的是要建立一种效率更高的通信网，让更多的人进行交流。①

巴兰的报告只建立了计算机网络通信的原则，要建立正常的通信秩序，网络中的每一台计算机要有一个独一无二的地址，所有的计算机在进行通信时必须遵守相同的信息传输协议。

1995 年管理全球网络事务的"联合网络委员会"（FNC）发布的因特网官方定义是：

> "'因特网'指的是这样一种全球性的信息系统——
>
> ①通过全球性的唯一的地址逻辑地连结在一起。这个地址是建立在'网络间协议'（IP）或今后其他协议基础之上的。
>
> ②可以通过'传输控制协议'和'网络间协议'（TCP/IP），或者今后其他接替的协议或与'网络间协议'（IP）兼容的协议来进行通讯。
>
> ③可以让公共用户或者私人用户使用高水平的服务。这种服务是建立在上述通讯及相关的基础设施之上的。"②

这样的网络对于三个世界之间的关系所起到的作用是，它以一种"非定域"的方式，实现任何个人自由出入于全人类所创造出的整个世界 3，而且使用的是统一的"语言"（网络传输协议）和统一的操作方式（访问特定地址），这种统一的基础是信息的数字化处理，以及广泛使用的个人电脑能够高速有效地在世界 3 与世界 1 之间进行转

---

① 郭良：《网络创世纪》，中国人民大学出版社 1998 年版，第 41 页。
② 转引自郭良：《网络创世纪》，中国人民大学出版社 1998 年版，第 160 页。

换互动，而网络中信号以光速传播，则使得这些电脑之间的空间距离变得完全微不足道。

网络在知识—机器系统中的意义

网络属于世界 1，它的出现带来的最大影响是极大地改变了人与人、人与机器，以及机器与机器之间的通信方式，即改变了世界 3 的传播模式。连带着，也改变了人的社交和生活方式。信息产业巨子比尔·盖茨（Bill Gates）说：

> "因特网进化得很快，不久大部分的网络地址都将成为三维空间（画面），而网友将可如同探索物理世界一般地探索电脑环境。我们会以崭新的方法与人交谈，交换经验，这世界将很活跃，有动画、有声音、有影像。"①

网络改变了信息传输过程伴随着物质载体流动搬运的传统模式，所谓"比特流"代替了"原子流"。过去信息的流动总是伴随着物质流动，信息传输依靠载体的移动来实现，网络中的信息传输由于采用数字化方式，不但不再依靠物质移动，反而以比依靠物质移动更可靠得多的方式进行。

比之于纸张传媒，网络的高速传输和宽带特性能够把数据量很大

---

① [美]约翰·布洛克曼：《未来英雄——33 位网络时代精英预言未来文明的特质》，汪仲等译，海南出版社 1998 年版，第 88 页。

的文本或程序在极短时间内传送到地球的每一个角落，数字化文本和程序自身携带的动态信息和多媒体信息得以传送，每一个计算机前的人都能够即时或者非同步地观看遥远的地方所发生的实况，或某个远方机器中的虚拟现实世界。

与广播、电视、电话等交流手段相比，过去时代里人们熟悉的一对一、一对多、多对多、多对一等所有的沟通方式所受的地域局限完全被打破，同时，计算机的存储功能还使得这样的交流既可以是同步的、即时的，也可以是非同步的，非即时的。

网络传输还有其自主性规律。对于世界 3 而言，当它以某种编码方式在网上进行传播时，为了确保传输的可靠性，实际上还经历过一个被拆分为"信包"以及在目的地被重新合并的"再编码—再解码"过程。另一方面，为了进行高速高效传输，网络中的文本和程序信息大多数都进行数据压缩，在传输的目的地使用这些数据前要进行解压缩，这是又一种类型的"再编码—再解码"过程。此外，如前面因特网定义所述，网络传输还遵守一些特定的协议和技术规范，这都是网络的自主性表现。

然而，网络的强大功能并不能取代人与人之间的直接交往，真实的面对面、口耳相传、聚会议事等人类熟悉的交流方式，不是网络和计算机技术，以及相应的一些多媒体技术、虚拟现实技术等可以轻易取代的。网络甚至也不太可能完全取代过去的电子媒体。《连线》（*Wired*）杂志创办人杜克强（John C. Dvorak，绰号"牛虻"，杜克强是他的中文名字）指出：

"我们所面临的称不上是革命，事实上，电脑革命根本没有取代工业革命。现在电脑为我们做我们过去用人脑所无法完成的事，只能说是人的延伸。真的革命性在于它增进了沟通能力，而早在工业革命前就已经开始，现在只是延续了这个过程。"①

因此，网络的出现并没有使计算机信息处理所带来的三个世界之间根本关系发生新的变化，它更加凸显了世界 3 对于世界 1 和世界 2 的作用，以及这两者对于前者的反作用，或者更笼统地说，它凸显的是三者之间的相互作用。

----

① [美] 约翰·布洛克曼：《未来英雄——33 位网络时代精英预言未来文明的特质》，汪仲等译，海南出版社 1998 年版，第 73 页。

第四章

知识与机器的互动

　　赛伯空间和虚拟现实是近年使用率很高的词汇，有关它们的研究是目前的热门课题。赛伯空间又称电脑空间，是一个综合性概念，笔者认为，赛伯空间表达一个依靠计算机和网络技术支持的数字化信息的世界，这个数字化信息世界被以多媒体形式呈现在人面前。虚拟现实则试图以计算机和人对话的方式，直接为人营造一个并不存在的幻觉世界，而人难以或不能察觉到它与真实世界的区别。就其含义而言，这两个概念之间差异甚大，赛伯空间可以是全球所有计算机、网络和数字化信息所组成的庞大系统，而虚拟现实则主要是针对单个的个人而设计的模拟局部现实世界的装置。然而，在本书的视野里，它们都以计算机作为信息处理机，都涉及特殊的文本——程序，有着十分类似的不同世界之间的相互作用关系。

第一节　赛伯空间

对赛伯空间的理解

参照三个世界的划分，人们关于赛伯空间的理解可以分为以下几种：

①物理主义（physicalism）理解。仅仅把赛伯空间理解为与信息相关的物理实体，如计算机、电话线、电子信号等。如在美国兰德公司一份研究报告中，它意指连接着全球的电脑、通信基础设施在线会议场所、数据库以及一般称之为网络的通信设施的大系统。通常情况下，赛伯空间指的就是国际互联网（因特网），有时也特指某间公司、军队、政府或其他社会组织的电子信息通信环境。[①] 对于单个的认识主体而言，这意味着，赛伯空间是显示器和扬声器显现出来的世界。

②观念主义（idealism）理解。赛伯空间指在上述系统中流淌传播的信息组成的世界，是一种非实体的世界。赛伯空间是观念构造（construction）和符号通信的组合。我们之所以能感知赛伯空间，有赖于计算机、导线等物理实体，也有赖于我们运用印刷物和语言进行符号交流。但是赛伯空间不是物理实体，而只是概念和观念的抽象构造。虽然赛伯空间的特征可以从对物理实体的描述中加以暗示，但是赛伯空间本身并不是实体性的。对于个人而言，这样的赛伯空间存在

---

① John Arquilla, David Ronfeldt, *The Emergence of Noopolitik: Toward an American Information Strategy*, RAND Corp, http://www.rand.org.

于数字化编码的程序之中，它在网络中以光速流淌，在计算机中被加工处理。

③构造主义（constructivism）[①]理解。赛伯空间是一种发生（emergent）实在，既不是物理的也不是精神的，而是二者的结合。无论把赛伯空间视为物理的、精神的或是二者的结合，都忽视了它的发生状态。对赛伯空间做物理的或精神的理解都是片面的。[②]这种理解考虑到了赛伯空间的两面性，而且把它看作是一种动态的相互作用的产物。

本书倾向于把赛伯空间作构造主义的理解，即既考虑它的硬件部分，如网络、计算机设备等，也充分兼顾在其中流淌和被处理的编码信息，也就是，特定世界 1 架构与世界 3 共同组成的世界。

赛伯空间的构成

根据计算机专家的意见，赛伯空间具有三层结构。

①计算机平台及其拥有的内容，由处理器、存储器和基本的系统软件组成；

②用以连结平台和人以及其他物理系统的硬件和软件接口转换技术；

---

① constructivism 又译构成主义，原指苏联十月革命后不久兴起的一个艺术流派，该派画家用工业构件（钢铁、混凝土等）构造大型雕塑。

② Julie van Camp, "How Ontology Saved Free Speech in Cyberspace", 第 20 届世界哲学大会论文，1998 年，http://www.bu.edu/wcp/。

③计算机相互之间进行通讯的网络技术。

这种结构可以进一步细化：

• 材料和现象，如硅；

• 硬件：微处理器、磁盘、传感器、与物理世界的接口、网络链路；

• 硬件和软件：计算机平台和网络；

• 创造内容的人类和其他物理世界的应用的应用程序；

• 由程序、文本、各种类型的数据库、图形、音频、视频等构成的服务与相应用户环境的内容；

• 根据地理学、兴趣和人口统计学映射的用于商业、教育、娱乐、通讯、工作和信息收集的赛伯空间用户环境。①

根据这一结构，我们可以判断，赛伯空间由世界 1 的物理实体和世界 3 的数字化成员共同组成。其中世界 3 的成员有文本、数据以及十分重要的程序软件等，世界 1 的成员有微处理器、存储器、网络和各种接口以及相应的技术等。

赛伯空间的自主性

由于赛伯空间是由世界 3 和世界 1 共同组成的，它同时拥有这两方面的自主性特征，超越于创造它的人类。这种自主性表现为几个方面。

---

① ［美］邓宁、麦特卡夫编：《超越计算——未来五十年的电脑》，冯艺东译，河北大学出版社 1998 年版，第 10—12 页。

①人造的、客观的技术规范。赛伯空间拥有许多由人赋予它的特殊的技术规范，如信息在网络上传输时采取的"包切换技术"、"超文本传输协议"（hyper text transfer protocol, http）、"分时计算"、"超文本链接"（hyper text linkage）等，以及为了减少网上传输的数据量而采用的许多压缩数据的办法，如著名的文件压缩技术 winzip 等。这些技术规范是人拟定的，但是，又是每一个出入于赛伯空间的人所必须遵守的。此外，计算机、网络操作的种种，如浏览、下载、收发电子邮件、发布信息、网上寻呼（ICQ）、多人互动对话游戏（MUD）、聊天室、电子公告牌（BBS）等，都有一定的技术要求。赛伯空间的这种自主性，既成就了网上的世界的丰富多彩，引人入胜，又使得人们必须尊重这种自主性，遵守赛伯空间中的所有技术规定和标准，否则，只能被排斥在外。而在赛伯空间中，又有无数新的可能性在等待发现和利用。

②独特的技术发展规律。赛伯空间有现实世界中所没有的规律，如摩尔法则（Moore's Law）：每隔18个月，电脑处理器的集成度提高一倍，即对赛伯空间有决定性影响的计算机运算性能提高一倍；再如梅特卡夫法则（Metcalfe's Law）：网络的价值正比于上网人数的平方。

③不确定的未来。波普尔指出人类的有计划的活动可能导致不可预测的后果[1]，赛伯空间有其独特的演化（进化）过程，其决非人类可以左右，犹过之于波普尔论证的科学知识的自主进化过程。赛

---

① Karl Popper, "Three Worlds", in *The Tanner Lectures on Human Values*, ed. by Sterling M. McMurrin, University of Utah Press, Salt Lake City, 1980, p.165.

伯空间的主要物质载体是所谓因特网，现代因特网的前身是阿帕网（Arpanet）。阿帕网的基本设计意图是建立一种能够经受核打击的军用通信系统。然而，核打击没有出现，阿帕网却过渡为科学技术和学术研究的信息交换系统，随后又随着万维网（World Wide Web）的兴起进一步演变为人类可以在其中显示自己的存在（或存在的另一种方式）的"虚拟"家园。根据美国总统科学技术顾问委员会的报告，赛伯空间在 21 世纪还将使得"无论距离、健康、经济因素都不再能阻碍人们到达辉煌的明天，所有的人无论他们生活和工作于何处，都能够平等地了解知识进步和接受教育"[①]。赛伯空间技术开发的重量级人物之一斯图尔特·布兰德（Syewart Brand）也说，"网络是基础性的，从根基发展出来的，每个人与别人直接连结。网络属于多面体球形结构（geodesic），每一个人与其他人直接相连，不是分层负责的结构。……未来会发生不一样的事，至于是什么，现在欲断定为之过早"[②]。过早逆料信息科技的未来未免失之鲁莽，但是网络以及赛伯空间的自主发展由此可见一斑。

在三个世界相互作用关系中的赛伯空间

无疑，在三个世界相互作用关系理论中，必须特别重视赛伯空

---

① *Information Technology Frontiers for a New Millennium*, A report by the Subcommittee on Computing, Information, and Communication R&D, Committee on Technology, National Science and Technology Council, April, 1999, p.1.

② [美] 约翰·布洛克曼：《未来英雄——33 位网络时代精英预言未来文明的特质》，汪仲等译，海南出版社 1998 年版，第 19 页。

间问题。从三个世界理论出发，我们认为，赛伯空间具有如下一些特点：

首先，赛伯空间是客观的。赛伯空间由世界 1 的物理实在和世界 3 的实在组成。赛伯空间需要物质载体，如磁性存储介质（磁盘、磁带等）、半导体存储器（RAM、FlashRom）、光盘（CDROM、DVD）等，还需要传播媒介，如网络。

其次，赛伯空间是人的精神活动的产品(计算机程序和各种文本)与物理实在（包括计算机和网络，以及其他可能的计算机外设设备）之间的相互作用的产物。赛伯空间之成为可能，说明世界 3 与世界 1 之间发生了一种互动。这种互动，正是信息处理的本质含义。

第三，赛伯空间不同于物理自然，它属于人的创造，是一种特殊的人工自然，是这种特殊的创造的物化体现；它也不同于波普尔的世界 3，它是经过特殊编码了的思想，这些思想通过与机器实体的相互作用而获得了具体的表现形式，能以人类感官所适应的方式把声音、图像、活动画面或者文字呈现给人及其感官。赛伯空间是人所创造出来的属于世界 1 产品与属于世界 3 产品二者之间的有机结合。

第四，赛伯空间与世界 1 一样可以成为人的经验的来源，同时又像世界 3 那样可以成为人获取知识的来源。在这里，所谓"空间"并非一系列的物体或者活动，而是人在其中体验、行为和生活的介质。①

---

① ［美］邓宁、麦特卡夫编：《超越计算——未来五十年的电脑》，冯艺东译，河北大学出版社 1998 年版，第 240 页。

第五，赛伯空间能够自我创造和复制。在特定编程的控制下，赛伯空间的存在物可以被创造出来，产生运动，甚至直接对物理世界（世界1存在物）和精神产品世界（世界3客体）产生作用。赛伯空间还可以与人发生互动，人也可以通过赛伯空间与其他人即时互动，这种互动还可以是非同时性的。

第六，赛伯空间是能够自我进化的。我们从计算机、从国际计算机网络的发展历程中可以观察到这种进化，甚至网络的结构变化也体现出某种进化特征：由简单到复杂；由少到多；由单一功能到功能多样；由工业文明的派生物，仅仅用于通信，发展到成为信息和知识社会的重要载体，未来文明的基础结构；等等。

赛伯空间的特性还有很多，在此就不一一罗列。我们以下讨论几个著名的例子。

第二节　世界3与世界1互动实例

虚拟现实

前文已经谈到过计算机运行本身可以说明世界3对世界1的直接作用，在特定的程序控制下，计算机能够执行预定的（世界1意义上的）动作或行为，或者更加简单地说，计算机的运行本身也可以作为证据。更有说服力的情形是所谓"虚拟现实"（virtual reality，又译虚拟世界、虚拟实在、灵境、临境）。虚拟现实是利用以现代高速电子计算机为核心的信息处理设备、相应的软件系统和微电子传感技术模拟或创造出来的、与真实世界相同、相似或不相似的仿真图景。这项技术由伊万·萨瑟兰（Ivan Sutherland）于 1968 年发明，随着高速计算机和网络的广泛应用引起注意，成为人们憧憬未来社会和生存方式的焦点，也成为哲学思考的课题。

虚拟现实有两大类，一类是对真实世界（世界 1）的模拟，如数字化地球、数字化社区、虚拟故宫；另一类是虚构的，如网上新闻主持人安娜诺娃（Ananowa），以及名目繁多的三维立体动画游戏（著名的三维动画游戏"古墓丽影"[Tomb] 中的女主角 Laura 曾由于对"现实的世界"发挥过重要影响而成为《时代》杂志的封面人物，好莱坞则干脆依据游戏脚本拍出一部同名电影）。无论哪一类虚拟现实，其实质都如尼葛洛庞帝（Nicholas Negroponte）所说：

> "虚拟现实背后的构想是，通过让眼睛接收到在真实情境中才能接受到的信息，使人产生'身临其境'的感觉。"[①]

其实，虚拟现实所利用的不只是人的视觉，它把计算机处理出来的视觉、听觉和触觉信号以适当方式直接输送到人的相应的感受器官，使人有可能无从区分他所感受到的究竟是虚拟的还是真实的情景。于是，计算机中的信息，更确切地说，是有关的程序和预先存储在计算机中的各种文本成为人的关于外部世界的认识的来源。虚拟现

---

① ［美］N. 尼葛洛庞帝：《数字化生存》，胡泳等译，海南出版社 1997 年版，第 140 页。

实的特点有：

模拟性：对现实世界的模仿，它来自人们已有的经验和认识。即使是人们"创造"出的现实世界中确实不存在的事物，它也是借助于人对现实世界的知识和经验才会成为可能并获得意义；

交互作用：主体与技术系统之间存在着的互动关系，这里指人的精神体验甚至知识活动与机器系统的相互作用。没有这种互动，虚拟现实就失去意义或者"趣味"；

人工性：与所有技术系统一样，虚拟现实也具有这种技术系统的根本特征，说到底，它是一种人造物或者人工自然；

沉浸性：相对于认识主体而言，指人在虚拟环境中的感官沉浸；

遥在：借助技术手段（如网络技术）克服主体与（虚拟）客体间的空间距离；

人—机共生：虚拟现实是人、机和软件三者互动才会发生的，缺一不可，是一种典型的人—机共生系统；

网络通讯：虚拟现实通过全球网络或宽带网实现的跨时空传输。可以是即时的，也可以是非同步的；可以是局域性的，也可以是全球性的。①

我国计算机科学家汪成为院士则概括得更为简单："一个典型的虚拟现实环境是由人和虚拟现实系统两大部分组成的，而虚拟现实系统又由三部分组成。它们是基于先进传感器的人机接口、具有多媒体功能的计算机系统和面向虚拟现实的软件系统。"虚拟现实具有所谓

---

① 参见〔美〕迈克尔·海姆：《从界面到网络空间——虚拟实在的形而上学》，金吾伦、刘钢译，上海科技教育出版社 2000 年版，第 111—132 页。

I³ 特性：沉浸（Immersion）、交互（Interaction）和构想（Imagination）①。
（参见下图）

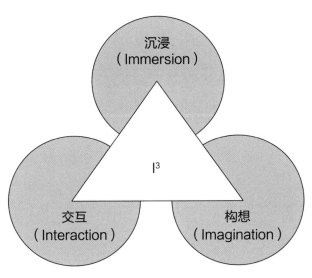

汪成为院士认为虚拟现实具有 I³ 特性

　　总之，虚拟现实利用技术手段全方位地在人和机器之间传送感觉
信号，力图逼真地再现人类熟知的外部世界。

　　虚拟现实本质上主要是针对单个的个人而设计的模拟局部现实世
界的技术系统，目前还没有一个得到广泛接受、同时又便于进行哲学
讨论的关于虚拟现实的定义，研究它的人众说纷纭。人们大致上都认
可一种描述性的定义："虚拟现实是实际上而不是事实上为真实的事

---

① 　汪成为：《人类认识世界的帮手——虚拟现实》，清华大学出版社、暨南大学出版社
2000 年版，第 78 页。

件或实体。"① 这样的定义有进行哲学讨论的空间。这个定义表面上看平淡无奇，却蕴含着丰富的哲学内容。它涉及几个必须从哲学上讲清楚的概念，即：实际上和事实上，真实，以及事件或实体。我们从分析这几个概念开始进行讨论。

我们需要从认知过程和关系角度讨论。在这个定义中，"实际上"强调了认识主体方面的感受，这里暗含着主体的过去的经验，当主体主诉"实际上"感受到虚拟现实中的事物时，指的是当前感受与过去的经验之间无差异或差异不大；"事实上"强调的是事物的客观性，它不以认识主体的经验或感知乃至感受为转移；而当人们谈论到"真实"问题时，又暗中涉及一个相对应的词，"不真实"或者"虚假"，在这里，所谓"真实"指的就是主体的"实际上"的感受，主体认为他的感受是真实的，或者说实际上是真实的，而关键的问题则在于：他无从得知他这种感受到的"真实"并不是"事实"。因此，在虚拟现实里，更准确地说，当人们进入虚拟现实中的时候，人们会把技术创造出来的不真实或者虚假的东西实际上体验为"真实"的，以至于无从辨别这种"真实"与"事实"的区别。至于上述定义中的"事件"和"实体"，是呈现给人们的"真实"的具体事物，所谓"事件"突出了事物的时间和演化特征，而实体则强调了事物的可感受性、拟真实的客观性。

我们是唯物主义者。唯物主义认为世界是客观的，又是可感知和可认识的。人之所以能够感知与认识，原因在于人具有感官。感

---

① 〔美〕迈克尔·海姆：《从界面到网络空间——虚拟实在的形而上学》，金吾伦、刘钢译，上海科技教育出版社 2000 年版，第 111—112 页。

官把外部世界的感知信号传递到大脑，形成知觉，形成更高级别的认识。在这里，在对外部世界进行感知的过程中，最为重要的是感官，它产生对外界的基本反应信息。这种反应信息是由外部世界施加在人的感官上的物理作用或化学作用而产生的。虚拟现实从技术上对这些物理作用或化学作用进行模拟，它"截断"了人的感官与外界的直接联系，代之以由计算机产生的视觉、听觉和触觉的物理信号，而且，从原则上说，计算机在将来还可以进一步产生味觉和嗅觉信号。实际上，虚拟现实技术直接提供给人的感官的都是物理或化学信号，当这些信号"模拟"得很"真实"时，也就是说，当这些理化信号逼真到与人对外部世界的经验相一致时，人实际上将有可能失去对这种虚拟的理化信号究竟是否事实的辨别能力。也就是说，虚拟现实有可能取代事实上客观存在的世界，成为人的经验和认识的来源。

然而，上述定义还只考虑到虚拟现实的"最小系统"。在计算机网络出现后，任何一种虚拟现实所必需的人际互动关系原则上已经扩展到全球，这在空间上大大超出了传统上人类获知外部世界知识、人与自然关系的范围；在时间关系上，计算机系统和网络的本质特征也实现了人际关系的即时性或非同步性，这再次大大超出了传统意义上的人类经验和体验。目前许多研究着重于虚拟现实带来的这种时空关系的变化。

凡是熟悉波普尔哲学，特别是他的三个世界理论，又思考过虚拟现实的人，都会意识到二者间有某种联系。孙小礼和刘华杰指出，

　　"'虚拟世界'（现实）很像波普尔意义上的一种特殊形态的'世界3'"……①。

　　这表明他们注意到了虚拟现实中含有世界3成分。这一见解极富于启发性，引导我们用三个世界理论对虚拟现实及其相关问题展开研究。在本书的思考范围内，我们感兴趣的是在虚拟现实中体现出的三个世界之间的相互作用关系。

　　在第20届世界哲学大会上，一位研究者J.伍尔策（Jörg Wurzer）提出，"从科学的背景（context）上看，计算机的虚拟现实显然就是世界3"，他举例子说：

　　"一个计算机工程师编制出一套程序演示机器产品，那么这些机器的功能的理论就进入了世界3。探测器（世界1）传送机器的当前状态。当程序运行时，世界1和世界3就有了直接联系。如果程序收到探测器的数据，这数据在理论上（机器的虚拟表述）会导致产品出错（例如能量传输不稳定），真实的机器就会被控制系统中止运行。于是，世界3直接影响了世界1。波普尔原先的世界1、2和3的线性关系变成了一个环状。"②

①　孙小礼、刘华杰：《计算机信息网络给我们带来什么?》，《北京大学学报》（哲学社会科学版）1997年第5期。

②　Jörg Wurzer, "The Win of the Sign Over the Signed: Philosophy for a Society in this Day and Age of Virtual Reality"，第20届世界哲学大会论文，1998年，http://www.bu.edu/wcp/。

应该说，通过这个例子，伍尔策得出正确结论，世界 3 与世界 1 发生了直接相互作用，并进一步作了大胆推论：三个世界之间的直线作用关系变成了环状作用关系。但是，他的例子却不够恰当。首先，这个例子不像是虚拟现实，更像是一个工业自动控制的情形。其次，作者没有把虚拟现实定位准确。虚拟现实不是单纯的世界 3，而是世界 3 和世界 1 的复合互动的产物，是一个动态过程的产物，就其人类的精神产品而言，它是一种具有时序结构的程序，属于世界 3。而当它通过显示器呈现在人面前时，它又是世界 1，是物理的图像和声音等。尼葛洛庞帝所说的"背后的构想"通过计算机程序和数字化信息表达出来，应该属于世界 3，而"身临其境"的感受却是地道的世界 1 的体验。再次，虚拟现实应当能使人产生一种"身临其境"的感受，也就是要有世界 2 的参与，而伍尔策的例子没有能够充分显现出人置身其中的情景。虚拟现实，其本质是要从技术手段上实现一种尽可能"拟真"的世界 1 环境，以至于观察主体无从辨别它与真实世界的区别，从而也由此获得对于外部世界的经验体验。虚拟现实对于人的认识的最大意义在于它有可能完全取代（至少在某些场合）人通过现实世界（世界 1）而获得认识，而且在这个认识过程中要允许人通过操纵机器与虚拟的世界发生相互作用。因此，伍尔策通过这样的例子只能证明世界 3 与世界 1 之间可以发生直接相互作用，而不能说明虚拟现实是世界 3 与世界 1 的互动过程。最后，由于伍尔策的例子中没有认识主体的出现，他得出三个世界是环状的相互作用关系的推论令人存疑。

尼葛洛庞帝指出：

"虚拟现实的典型道具是一个头盔（helmet），上面有两个护目镜（goggle）般的显示器，每只眼睛对应一个显示器。每个显示器都显示稍微不同的透视影像，与身临其境时的情景完全一样。当你转动脑袋的时候，影像会以极快的速度更新，让你感觉仿佛影像的转变是因为你转头的动作而来（而不是电脑实际上在追踪你的动作，后者才是实情）。你以为自己是引起变化的原因，而不是经由电脑处理后所造成的一种效果。"①

虚拟现实最重要的特征之一就是要有人的参与。笔者认为，典型的虚拟现实的例子是这样的：

"1991 年 1 月日本松下公司演示了即将作为商品出售的现代化厨房体验器。它由两部分组成：一是头盔式显示器，另一是传感手套，还有一个计算机系统。使用者戴上头盔和手套便可以进行体验。

"头盔式显示器里有液晶屏幕和耳机，戴上它后，启动系统，人便像站在传动带上一样被带去参观，现代化厨房的景象展现在眼前。和一般看录像不同之处在于，出现的情景同人的动作直接有关。例如，头往右摆呈现出来的是厨房右边的情景，头往上抬可以看到厨房顶棚的情况，头往下低便可以看到厨房地面的情况。更奇妙的是，在出现的情景中，有一只代表使用者的虚拟的手出

---

① ［美］N.尼葛洛庞帝：《数字化生存》，胡泳等译，海南出版社 1997 年版，第 141 页。

现在空间中。如果这只'手'出现在壁柜的前面，使用者用戴上传感手套的手做打开柜门的动作，传感手套里的光纤传感器便会将这一动作通过计算机系统反馈给使用者的显示器，于是，面前便会出现柜门被打开，里面存放的东西便展现在眼前。如果这只'手'出现在水龙头旁边，使用者做打开开关的动作，便可以从头盔式显示器看到水从水龙头流出，还可以听到哗哗的流水声。"①

在这个例子中，虚拟现实的一部分基本存在形式是数字化的程序和（不含有时间序列的）文本，属于世界3，它们存储在计算机中。系统开始运行后，计算机呈现在头盔显示器中的场景是向前运动的画面，观察者的动作，如转动头部、伸手、开启柜子的门，或者打开水龙头，都被转译为数字信号回馈给计算机，计算机经过程序的处理和运算，呈现出相应的新的画面，并配合播放相应的声音。这里，重要的是人所需要做的与他在真实世界里所需要做的完全相同，而他通过视觉和听觉甚至触觉所体验到的与他在现实世界中所体验到的也相同，于是，人在这个系统里发现了一个并不真正存在于世界1中的厨房，而这个"虚拟厨房"实际上只是世界3程序和文本与世界1计算机，以及头盔和手套等相互作用的产物。关键的部分在于，人所看到、听到和摸到的，都是世界1的体验，是计算机把程序和文本转换成这种世界1的现象。

因此，这个"虚拟厨房"的例子比伍尔策的例子更好地说明了世

①　陈幼松：《大众高技术》，中共中央党校出版社1996年版，第76—77页。

界 3 与世界 1 的互动情形，很好地说明了在这种人造的系统中三个世界的相互作用关系，也进一步证明了虚拟现实不是单纯的世界 3 或世界 1，而是二者的动态相互作用过程。

到这里我们就看到虚拟现实的最具有哲学意义的方面：它在人类文明历史上首次实现了三个世界的交互作用。这是一项带有根本性的突破，只有现代信息技术才能够实现这样的突破。

虚拟生命

以下材料选自圣菲研究所研究员、维也纳理工大学教授约翰·L. 卡斯蒂（John L. Casti）所著《虚实世界——计算机仿真如何改变科学的疆域》[①]。

1990 年 1 月 4 日，美国特拉华大学博物学家汤姆·雷（Tom Ray）成功地在他自己的计算机中用仿真技术创造出"虚拟生命"，这个实验的要点在于：

（1）创造出一个"祖先"生命，即编写出一个模拟生命的最原始形态的计算机程序，这个生命必须能够自我复制，无限制演化；

（2）生命演化的环境是计算机中的动态存储器和中央处理器，以及适当的"汤"：适于该生命生存与演化的软件运算环境；

（3）生存竞争与演化（或进化）的标志为程序通过自我复制而争夺处理器的运算时间和内存存储空间；

---

① 〔美〕约翰·L. 卡斯蒂：《虚实世界——计算机仿真如何改变科学的疆域》，王千祥、权利宁译，上海科技教育出版社 1998 年版，第 174—186 页。

（4）实验目标：经过若干代的繁殖，找到一种丰富多样的电子生物，在由计算机存储器构成的比赛场地上角逐。种类繁多的生命形式将反映出大约 6 亿年前寒武纪地球上曾经出现过的众多物种爆炸性增长的场面。

雷称他的实验环境为"Tierra"，西班牙语意思是"地球"。在 Tierra 中，代表"祖先"生命的程序具有自复制能力，它利用中央处理的运算时间去组织机器的存储空间。这十分类似于自然界中生命逐步演化，竞争食物、住所、配偶等生存和发展要素，进行物竞天择的过程。

实际的实验过程简单得令人惊异。雷首先用软件设置了一台"虚拟计算机"，这样做的目的是把整个实验过程严格局限在雷本人的机器内，防止"虚拟生命"在演化过程中超出本地机而通过网络扩散到其他计算机中。然后是实验的核心部分。雷用计算机汇编语言编写的"原始生命"Tierra 生物只有 80 字节，它与真实的生命最大的相像之处在于它可以进行自复制。计算机模拟环境——"汤"所占存储容量为 60000 字节。为了使 Tierra 生物在"汤"中的演化与地球环境中原始生命相似，雷还做了一些重要安排：

存储分配（细胞化）：它使得细胞可以自复制和分裂；

分时（时间分片）：确保每一个 Tierra 生物能在模拟的相同时间背景中同步发展。这一安排是计算机模拟自然环境所特有和必要的，否则多个生命个体无法得到同时发展机会；

清除（收割器）：模拟自然界中的生存竞争机制。当自我复制机执行将使生物占满"汤"（80%）时，环境中出现约束机制，消灭生物，腾出必要的空间让其他剩余生物发展和进化。这种消灭机制的功能是只杀死生物个体，腾出生存空间，不删除被清除生物的基因，由此产生一个基因库。

可变性（突变器）：Tierra 模仿两种不同的演化机制。一种是生物本身的随机性突变，另一种是在自复制过程中掺有微量的变化。

"原始生命"投放到"汤"中后，经过 526000000 条指令计算，计算机中出现了在真实地球环境中需要 30 亿年才能够出现的寒武纪生命大爆发的情况：计算机中游动着 366 种生物，其中 93 个中已经获得了由 5 个或更多的个体所组成的子群体。这一模拟实验还表明，在生物生长和发展的同时，会产生寄居其上的寄居生物。而随着寄居生物增多，对寄居生物具有免疫能力的物种开始出现，并能够快速增长，与此同时，寄居生物开始减少直至灭亡。

这一实验还证明，自然演化过程中的几乎所有事件都可能在机器中实现，甚至包括生物系统的高度复杂性和较为高级的行为方式，如生物之间的相互利用、物种进行持续不断的演化以适应生存竞争对手和环境的挑战，等等。

对我们而言，这简直就是世界 3 与世界 1 直接相互作用而成就的奇迹。这让人联想起牛津大学生物学教授理查德·道金斯写的《基因之河》，在那本小册子中，道金斯力图说明，生命的本质是一系列的密码或者编码。在另一个场合，道金斯成功地向人们演示[①]，基因突

---

① 第一届"生命系统的合成与仿真"国际研讨会，由洛斯·阿拉莫斯国家实验室、圣菲研究所和苹果计算机公司联合发起。参见［美］约翰·L.卡斯蒂：《虚实世界——计算机仿真如何改变科学的疆域》，王千祥、权利宁译，上海科技教育出版社 1998 年版，第 41—46 页。

变过程如何与自然选择一起被用来"繁殖"所谓的生物形态的对象。

计算机蠕虫和病毒①

　　计算机蠕虫和病毒其实就是虚拟生命，它几乎具备自然界中生命物质的全部特征，如自复制、变异、与环境相适应、进化、靠摄入能量来维持生命活动等。与真实的病毒相比，它们本身只不过是一段编写的程序，而真正的病毒具有实实在在的蛋白质结构；与前面讨论的虚拟生命相比，计算机蠕虫和病毒并没有原则上的区别，如果有的话，也主要表现在对现实世界的影响中：蠕虫和病毒对软件甚至硬件都有可能造成侵害和破坏。

　　首先看蠕虫。雷在设计他的 Tierra 实验时，运用虚拟计算机技术把它的机器域网络中其他的机器隔离开来，不使他的生物溢出机器侵犯和感染其他机器。然而蠕虫不同，它的设计意图本身就力图传染到更大的范围、挤占更多机器的处理器运算时间和存储空间，进而迫使机器甚至整个网络系统瘫痪。此外，它还具有隐蔽病毒能力，能使计算机病毒隐身、寄居于其中，在一定程度上规避查杀毒程序的搜索追杀。

　　其实，如果雷的 Tierra 实验未设置虚拟计算机，未模拟自然环境设置清除器控制虚拟生物的个体总量，那么他实际上就是编写了一种计算机蠕虫。这种病毒发作时可以通过自复制机制蚕食计算机的处理器运算时间和内存，致使机器"荡机"，甚至自动清除硬盘存储器上

---

① 主要参考 [英] 尼尔·巴雷特：《数字化犯罪》，郝海洋译，辽宁教育出版社 1998 年版，第 19—62 页。

的文件并占用其存储空间。蠕虫还可以通过连接机器的网络迅速扩散，在不长时间内造成大面积网络和计算机的瘫痪。

1988 年美国大学生罗伯特·莫里斯编写了一个智慧测验程序投放到国际互联网上，这是第一例蠕虫病毒。

蠕虫感染第一台机器所使用的方法是在那台机器上运行一个叫作"远程外壳"的程序，一旦运行成功，蠕虫就夺取对机器的直接控制权，然后，"远程外壳"程序就指挥机器把蠕虫拷贝（复制）过去，接着进行编译运行。而为了取得对于尽可能多的机器的控制权，蠕虫携带一个很大的口令文件，存储有常用的口令。蠕虫首先使用口令攻击，如果失败，它会找出黑客已经发现的网络服务器通用系统的程序弱点，发起一系列自动攻击。

莫里斯最初设计的蠕虫具有自检能力，它攻占一台服务器后生成一个"记号"临时文件，该记号提示进入已经被感染过的机器的蠕虫自杀，防止重复感染。

在后来的"人机大战"中，服务器管理员查出蠕虫感染，并采用人工方式生成记号防止被蠕虫感染。莫里斯发现了，就升级蠕虫，写入"7 次同 1"规则，使蠕虫在同一系统中第 7 次发现同样的感染记号时，把该系统再感染一次。

蠕虫在攻击服务器时，会连续发出多次登录请求，机器在作出响应的同时，自身的运行速度会明显变慢。如果成百上千个这样的攻击同时进行，与因特网连接在一起的计算机服务系统就会因超载而瘫痪或者被破坏，这就是十分著名的"拒绝服务"（DOS）攻击。

此外，蠕虫可以携带病毒攻击计算机，还可以复制被攻击机器中的电子邮件回传给蠕虫主人。更加严重的是，蠕虫本身的攻击方式主要是使用口令集合尝试登录机器，这样的集合总是有限的，但是蠕虫能够采用字符串穷举混合法破译或者猜测目标计算机的口令，这本来对于一台机器是不可能做到的，但是蠕虫会使用这样的策略，即利用网络进行分散作业，通过网络迫使许多计算机同时协助它进行这项大的不可思议的运算任务，最终实现其意图。

计算机病毒更加智能化。病毒感染机器的主要途径是网络和经常用于交换文件的软盘甚至光盘。病毒有几个主要特点：一、它是一种可执行文件，它的发作依赖于其中的可执行命令得到切实执行；二、它十分短小隐蔽，经常隐藏在计算机正常程序的开头，甚至分散开来隐藏在程序语句的字里行间（如极为著名的CIH，它可以化整为零地隐藏在程序语句的结尾部分）；三、病毒往往有生命周期，会定期或周期性地发作；四、病毒有很强的"进化"和"变异"，经常以其变体形式展开攻击或者发作。

病毒对计算机的破坏性已经引起广泛注意。所采取的方式有：删除文件，包括文档和程序；泄密，把寄宿机器的信息扩散到整个网络中；通过循环执行指令吸取机器资源造成"荡机"；使机器进入无法唤醒的休眠状态；显示特定信息给机器用户；等等。近几年曾猖獗一时的CIH病毒会在每年的4月26日发作，它可以删除机器硬盘中的引导信息和全部文件，致使机器彻底瘫痪。它甚至还能够删除机器主板中的基本输入和输出信息（BIOS），使主板报废——破坏硬件。

此外，在对计算机和网络发挥负面影响方面，还有"特洛伊木马"程序、利用Java语言编写的"恶意Applets"等，它们在基本原理上不外利用世界 3 与世界 1 的互动，达到对现实世界中的人或机器的利益伤害。

综上所述，当我们面对计算机操作系统，面对虚拟现实、虚拟生命，以及蠕虫和病毒等计算机和网络时代特有的知识产品时，我们就不能再怀疑知识与物理实在之间会发生直接的相互作用，当然这是有特定的前提条件的，即借助于信息处理技术和设备。无论如何，波普尔关于三个世界之间的作用关系的结论（世界 2 是使世界 3 与世界 1 发生相互作用的中介）不再严格成立，而是出现了新情况：世界 3 中程序的出现、世界 3 在特定的信息处理机器（计算机）帮助下可以直接作用于世界 1，二者之间产生互动，不需要世界 2 的参与。这一新结论意义重大，正如伍尔策指出，波普尔的三个世界由线性关系变为环状关系。这是信息时代科学技术的发展所带来的对波普尔三个世界理论最重要的修正。

不难理解，计算机智能的问题，之所以引人注目，不仅仅因为它可能会表现得比人更聪明，还因为它能部分地代劳人们创造世界 3 的工作，并且使得世界 3 与世界 1 直接相互作用，从而使人成为客观世界运动的旁观者，甚至是其结果的被动的承受者。

第三节　人在三个世界关系中的地位

赛伯空间和虚拟现实的局限

赛伯空间和虚拟现实带来一个重要问题，就是如何在数字化信息技术面前区分真实的世界与虚拟的世界，连带着的问题是在这样的技术背景下人的自我认同问题，以及由此引发的社会问题。美国《明天》（*Tomorrow*）杂志专栏作家、绰号网络世界"标准市民"的霍华德·莱因戈德（Howard Rheingold）说：

> "对于虚拟世界生活的批评正大行其道，重点是我们要了解将自然世界换为光灿夺目的电子世界所要付出的代价，以及虚拟世界的限制和缺点。虚拟世界创造了美好的景象，但当中缺乏一些人类生活的必需品。然而，有人批评说，坐在电脑前参与全世界网上交谈的人生活不真实。我认为这种话太肤浅，首先，一个人无权评断另一个人的生活是否真实，况且世界上有数百万人整天被动地接收电视里的信息，和使用电子邮件与地球彼端通信的人相比，你能说这些独坐瞪着真空管的人生活得更真实吗？网络其实是他们突破目前虚拟世界的一种方法。"[①]

的确，所谓更真实，无非是经历得更多以至于形成习惯而视为理所当然，人的主观世界与客观世界的关系获得某种相对固定的模式，二者之间有着已经得到主观认同的相对"清晰"的边界，这种世界之间的划分成为人的自我认同、主客体关系的基础。历来也有许多哲学家认为人所认识到的自然只是一种幻象，人的认识还受到知识背景（世界3）的影响。无论怎样评价赛伯空间和虚拟现实，人们在承认

---

① ［美］约翰·布洛克曼：《未来英雄——33 位网络时代精英预言未来文明的特质》，汪仲等译，海南出版社 1998 年版，第 234—235 页。

它属于人工产物方面还是没有区别的，然而浸泡在数字化世界中成长起来的人，与那些视这样的人造物为外在的、强加给他的新技术的人之间，对于世界的看法不可能是相同的。

美国数字未来学家唐·泰普斯科特（Don Tapscutt）在其新著《数字化成长：网络时代的崛起》一书中把这种对人造物的认同差异所引发的社会问题推向了极端，他详尽展示了从启蒙初开就接触网络和计算机、一直生活在虚拟现实和赛伯空间中的新一代人心目中的世界如何与他们的长辈的不同，他的结论是：

> "很遗憾，最有可能的发展是两代间的彼此敌对——如果诞生在婴儿潮（指美国二战结束后不久出生的一代——引者注）的父母们无法改变心态，体会下一代的文化及媒体，这两个历史上最大规模的世代势必将陷入冲突。新世代面临成长及权力被剥夺的局面，以至愤怒日渐高涨，一定会对受到全新观念及工具的挑战、充满不信任感且饱受威胁的老一代全面宣战。"①

这可能过于夸大其词了，其实真正的计算机专家并不这么看。"虚拟现实"一词的创造者、被誉为虚拟现实之父和电脑神童的杰伦·拉尼尔（Jaron Lanier）认为：

> "很多在电脑界中活跃的人士认为，有一天电脑做得相当好

---

① ［美］唐·泰普斯科特：《数字化成长：网络时代的崛起》，陈晓开等译，东北财经大学出版社、McGraw-Hill 出版公司 1999 年版，第 18 页。

时，电脑内虚拟的世界终究将与我们具体的物理世界具有相等地位。不少人还以为我是这种想法的创始人之一，因为虚拟现实刚出现时，大家都有两个世界重要性相等的错觉，其实虚拟现实不是那么回事。

"我喜欢虚拟现实的地方在于它提供人类一个新的，与他人分享内心世界的方式。我并没有兴趣以虚拟世界代替物理世界，或创造一个物理世界的代替品。……这里有一个危险，如果人过分相信电脑，并过分相信电脑模拟，认为抽象可以具体，电脑中的抽象其实和物理世界一样真实，那么人便可能将幻想当为真实了。

"我们将电脑视为有自我存在意义的东西，还是铺设在人与人之间的渠道？我们应当把电脑视为可以将人与人连结起来的高级电话。……说起来，电脑其实也并不真正存在，因为它随着人类的阐释而改变——这便是我竭力主张的人本论。"①

拉尼尔的话道出了虚拟现实的本质：它只是人对于世界的体验的再现，这种再现可以为其他人所共享。这一解释与我们的世界3—世界1相互作用理解完全相容：人把对于现实世界的体验转化为世界3客体，具体形式是程序和文本，它们经过计算机、必要的外围设备和网络再次转化为可以为其他人进行反复体验的虚拟的现实，如此而已。在前面讨论的松下公司的"虚拟厨房"例子中，人所能感知到的厨房中的一切，都必须是编写程序的人所事先认识到的、作出了适宜

---

① ［美］约翰·布洛克曼：《未来英雄——33位网络时代精英预言未来文明的特质》，汪仲等译，海南出版社1998年版，第156—158页。

的表达的、能够成功地由机器呈现给人的。在这里，我们仿佛又见到曾在第三章中谈到过的罗林斯的 5 条限制。

　　但是人才是真正拥有创造力的。拉尼尔所限定的只是虚拟现实的基本层面，虚拟现实并非只限于描摹自然，人们利用计算机技术还可以创造出自然界原先所没有的虚拟世界，甚至还能发现原先从未认识到的新现象，例如找到一个新的素数，混沌学家洛仑兹通过设计程序发现著名的"洛仑兹吸引子"①，汤姆·雷在其计算机中创建出具有复制和无限度演化能力的"虚拟生物"Tierra②。这些与其说是虚拟现实，还不如说是人造的计算机在人编写的程序控制下获得某种超越人的独立创造世界 3 的能力，并且通过虚拟现实的方式把这种创造呈现在人们面前。这些创造向我们展示了计算机技术带来的三个世界之间的互动所显现的无限多的可能，当然，这种创造仍然是可以共享的，可以反复再现的，最重要的是，它们还是在人的安排下被机器创造的，它们对于人有意义。如果把它视为人类心灵创造的一种补充和扩展，拉尼尔的话仍是对的。这意味着，人还是比机器重要得多。

人在三个世界关系中的地位

　　本书的基本任务是要对以虚拟现实为代表的现代计算机技术及其

---

① ［美］詹姆斯·格莱克：《混沌：开创新科学》，张淑誉译，上海译文出版社 1990 年版，第 10—35 页。

② ［美］约翰·L.卡斯蒂：《虚实世界——计算机仿真如何改变科学的疆域》，王千祥、权利宁译，上海科技教育出版社 1998 年版，第 174—183 页。

特征产物赛伯空间问题作出解释，我们选定波普尔的三个世界理论作为理论工具。为了使这一理论合乎时代要求，我们改造和发展了这一理论。我们得出结论，世界 3 在一定条件下可以直接与世界 1 发生相互作用，人可以参与其中，也可以只作为旁观者被动接受前二者相互作用的结果。换言之，世界 3 与世界 1 的直接互动部分代劳了人的作用，包括思维创造作用。那么虚拟现实能否取代现实世界成为人的认识来源？虚拟现实中表现出来的人工智能究竟能够达到什么程度、会不会最终取代人类智能？简而言之，在这个新的三个世界的相互关系中，人的地位与作用究竟是什么？

　　我们已经有了对于虚拟现实的哲学解释，就容易回答后两个问题了。我们认为，对于虚拟现实能否以及能在多大程度上成为人的经验和认识的来源问题，不能过于乐观。首先，目前的技术发展水平只是展示了一种可能性，就其使人获得经验、体验或知识而言，它还处于很原始的阶段[①]。虚拟现实已经在医学教育（如解剖）、飞行训练、核爆炸模拟等一些专门领域得到应用，效果得到广泛好评。但仅此而已，在可见的将来，还完全没有理由认为它会对基本的人与自然的认知关系提出带有根本性的挑战。

　　其次，毕竟虚拟现实是一种人工系统，建立在人对自然事物的已有认识基础之上，这样的人类认识集成在人们开发编写的相应的软件程序中，如大型数据库、专家系统。尽管发生有以下两种情形：一、整合新的技术系统时可以直接运用过去已有的软件和硬件；二、新的

---

① 　汪成为：《人类认识世界的帮手——虚拟现实》，清华大学出版社、暨南大学出版社 2000 年版，第 20 页。

高性能计算机系统有自动编制软件（创造出新的世界 3）能力，但这都不能改变机器系统（包括虚拟现实）是人工系统这一基本属性。因此，通过虚拟现实而获得的经验、认识是一种"次级"经验或认识，它并不能取代、至少不可能完全取代人对于自然的直接认识和经验。

再次，根据已经报道的许多实例，虚拟现实系统会产生出人类仅仅依靠大脑不可能做到的发现或发明，如混沌学中的洛仑兹吸引子，数学上关于四色图定理的证明，甚至虚拟生命体 Tierra 等，从人的角度来看这些意味着重要的发现，其创新之处是明显的，但对于机器而言，所有这些都只是计算机软、硬件互动合作的结果，尽管有许多结果并不是人可以事先预测到的。关键之处在于：机器的运算结果对于机器的意义、对于人的意义，都是从人的角度看到的，也就是说，机器运行的结果还是需要人来作出最终的价值判断。

最后，回到对虚拟现实的哲学解释，我们说世界 3 与世界 1 的直接互动，并不意味着人变得多余了。在虚拟现实的环境中，机器是由人制造出来的，程序是人编写的，机器输出的结果也是需要人来作出价值判断的，因此，世界 3 与世界 1 的直接互动是有条件的，人的参与对于机器系统而言是无条件的，正因为如此，讨论人工智能是否会超越人类智能，并没有特别的实际意义。更何况，虚拟现实之创造与实现，其本身就是为了服务于人的。目前国内外计算机科学专家和信息科学家比较一致的看法是，未来的人工智能还将会有长足的发展。并不存在人工智能能否超越人类智能的问题，然而，人工智能能够在某些方面补充人类智能的不足却是确定无疑的，未来最有希望的发展方向是将会产生一种"人—机共生体"，在其中，机器部分将进行复杂烦琐的数据运算和逻辑推理，而涉及创造性、美感、情感、价值判断等方面的问题时，则由人脑完成。

　　至此，我们可以断言，在新的三个世界的相互作用关系中，人及其精神创造能力，一如既往，仍处于关键性的原创者地位。人与物理自然、人与知识世界之间的相互作用关系仍是三个世界关系中的主线，而世界 3 与世界 1 之间的直接互动关系，是辅助性的，从属于前二者的基本关系。

第五章

知识与机器的互动机制

基于上述章节讨论，我们基本理清了知识与机器相互作用的理论来源、基本概念和原理。这一讨论建立在知识的客观性基础之上，借用修正了的波普尔三个世界理论，提出世界 1 与世界 3 的直接相互作用的可能性，并作了推理论证，提出一些信息科学技术方面的事实证据。现在，我们必须要回答知识与机器相互作用的最根本的问题：二者互动的机制是什么？以及随之而来的另一个应用问题：如何可以对这样的互动加以利用？

第一节　互动与相互作用

以下试图从哲学角度初步探讨"互动"与"相互作用"的含义，

特别是在涉及知识与机器相互之间施加作用的关系的情况下，它究竟意味着什么？

作用与相互作用

说到"相互作用"，人们也许会首先想到"作用"。一般而言，人们在日常生活中不加区分地运用"作用"、"相互作用"（或者"互动"）等词语，它们运用得如此广泛、出现频率如此之高，以至于人们很少再追究它们的精确含义，默认人人都懂得都理解无歧义。稍作仔细推究，所谓"作用"，即由一物或一个个体施加于另一个的影响，表达的是一种单向关系；而"相互作用"则表达两个物体或个体之间的双向的作用或影响关系。当然，这种双向的互动关系还可以推及更多物体的情况，那是更加复杂得多的情形。

还可以再作区分的是，"相互作用"似乎默认了某种双向影响的即时性或同时性，一种作用产生的同时，另一种反向作用也即刻出现。这令我们马上想起著名的牛顿力学第三定律。尽管在许多教科书中反复强调，"作用与反作用"关系不等同于相互作用关系，因为前者有个因果关系蕴涵其中（如推动物体移动、物体对施力者的阻碍作用），而后者的相互影响却是互为因果的（如无处不在的万有引力）。

"相互作用"的基本哲学意义在《中国大百科全书·哲学 II》有很好的解释与阐发；引人好奇的是，同一部百科全书中的其他学科分卷特别是物理学卷却未安排这一重要条目。本书亦无打算对此一术语做全面考究，而主要试图从解说与理解"相互作用"的哲学与物理意义入手，选择信息哲学角度考察"相互作用"。特别是，在运用经过修正的波普尔"三个世界"理论的情形下，考察知识与机器相互作用的机制。根据这一修正理论，世界3与世界1的相互作用（或者"互动"，本书不作区分使用）本质上可以转化为知识（文本）与机器（人工自然）的互动，这对于理解和认识信息时代种种事物十分重要。

在解说这一理论过程中，相互作用概念未作任何解释就加以运用，盖因笔者想当然地认为它是不言自明的，而且所有读者都明了它的确切含义。然而，实际情况可能并非如此——并非人们不明了它的含义，而是它在不同场合有着不同的含义，人们运用它时认同的意义未必相同，甚至言人人殊；而且，在进一步探讨知识与机器的互动机制时，笔者逐渐意识到，有必要对于互动一词的意义加深理解，使裨益于对于知识与机器互动的机制的理解。

当我们说，追究知识与机器互动究竟意味着什么，意思是想弄清楚，究竟二者在互动的时候发生了什么？实际上，无论科学，或是哲学，还是其他具有强大解释与说明力的学术，在解说一个事物施加作用于另一事物的时候，总是要尽可能讲清楚这种所谓的作用在进行的过程中究竟发生了什么事情，才算得上是讲得比较清楚了。同样，在解释因施加作用而必然会产生出来的反作用的时候，也要作出一样的澄清。

互动的哲学含义

"相互作用：表征事物或现象之间辩证联系的普遍形式的哲学范

畴。在现代科学中，相互作用是指控制系统的反馈过程，以及物质系统中发生的物质、能量、信息的交换和传递过程。

相互作用原则全面、深刻地揭示了事物之间的因果联系，是因果关系在逻辑上的充分展开。在客观世界的普遍联系链条中，原因和结果经常互移其位、相互转化。受原因作用的事物在发生变化的同时也反作用于原因，从而把因果性关系转变为相互作用的关系。其中每一方都作为另一方的原因并同时又作为对立面的反作用的结果表现出来。整个物质世界就是各种物质存在普遍相互作用的统一整体，相互作用是事物的真正的终极原因，在它之外没有也不可能有使它运动和发展的原因。相互作用也是系统内部诸要素的关系和联系的形式。要素之间相互作用的方式构成系统存在的基础，系统中要素的相互作用是决定系统发展方向的因素。相互作用只有借助于特殊的物质载体才能实现，相互作用的内容取决于组成要素的物质层次和性质。例如，现代生物学把相互作用划分为分子的、细胞的、器官的、机体的、种的、生物圈等不同水平的形式。社会生活是最复杂的相互作用的形式。

相互作用是客观的、普遍的。具体的相互作用是整个物质世界相互作用链条的环节和部分，相互作用的普遍性和绝对性通过无限多样的具体的相互作用而体现出来。相互作用是事物的属性、结构、规律存在和发展的条件。

相互作用范畴具有重要的方法论意义。认识事物意味着认识它们的相互作用，要揭示事物的本质属性，就必须研究事物之间具体的相互作用的特殊性。相互作用的实质是矛盾以及矛盾诸方面的相互依存和斗争。在诸多因素的相互作用中，必有一种起着主导的决定的作用。在实际工作中，只有认清事物之间相互作用的特点和规律性，才能认识和把握事物的本质。"①

哲学家们高屋建瓴，视野广阔，从哲学上对"相互作用"概念进行最一般的把握，确认追究事物运动中的"作用"与"相互作用"的正当性、合理性，指出认识它们才能认识事物的根本属性和终极原因。哲学家还进一步指明了方法论意义，要求"只有认清事物之间相互作用的特点和规律性，才能认识和把握事物的本质"。

以下就考察哲学与科学学科中"作用"或者"相互作用"的旨趣与意义异同，以把握物体之间相互作用的特点与规律。

互动的物理含义

牛顿的表述，可能是（物理学中）最经典的：

"每一种作用都有一个相等的反作用；或者，两个物体间的相互作用总是相等的，而且指向相反。"②

牛顿的意见总是必须重视的，他洞察了 20 世纪以前几乎所有物理现象的根本原因，影响科学和哲学数百年，直到今天仍不失有效。

---

① 参见赵光武：《相互作用》，《中国大百科全书·哲学 II》，中国大百科全书出版社 1987 年版。

② ［英］牛顿：《自然哲学之数学原理》，王克迪译，北京大学出版社 2006 年版，第 8 页。

在这一著名的"运动的公理或定律"之第三定律之后，牛顿写下一段较长的附注，举出克里斯托弗·雷恩爵士、瓦里斯博士和惠更斯先生各自独立地建立起来的"极其一致的""硬物体碰撞和反弹的规则"，说明了"作用与相互作用"的意义，他还不厌其烦地详细援引了马略特对这一课题的全面解释论证①。牛顿进一步指出，硬物体碰撞实验规律，不仅适用于硬性物体、完全弹性碰撞，也适用于柔软物体、非弹性碰撞，还适用于吸引力情况，地球引力情况，滑轮组情况、螺旋机挤压、楔子挤压或劈开木头的情况，等等。总之，"一切机器中运用的作用与反作用总是相等的。尽管作用是通过中介部件传递的，最后才施加到阻碍物体上，其最终的作用总是针对反作用的"②。

这一附注之引人注意要点在于：牛顿实际上在这里给出了经典力学中物体之间相互作用的基本机制：物体之间的碰撞（弹性的或非弹性的）。

维基百科（英文版）中互动的释义

相互作用是发生于两个或多个物体之间的由此及彼的效应，一种双向的效应在相互作用概念中是基本观念，它是相对于单向的因果效应而言的。与之密切相关的概念是"互联性"（interconnectivity），它涉及系统内相互作用的相互作用：许多简

---

① ［英］牛顿：《自然哲学之数学原理》，王克迪译，北京大学出版社 2006 年版，第 13—14 页。
② ［英］牛顿：《自然哲学之数学原理》，王克迪译，北京大学出版社 2006 年版，第 16 页。

单的相互作用的混合会导致令人惊异的涌现（emergent）现象。在不同的学科中，相互作用有着不同的特定含义，所有的系统都是相关的、相互依存的，每一个行动都有一种结果。①

这个条目既非哲学的，亦非物理学的，但是写得言简意赅。它表达两个意思：一是明确相互作用与因果效应的区别，很明显有着物理主义倾向；另一意思是指出它与"互联性"概念的关联，仍然透露出一些物理味道。缺点是，没有对相互作用作出更深入的描述，也没有涉及相互作用的机制。

在物理学中，基本相互作用或者基本作用力是指基本粒子由此及彼的相互作用过程。一种相互作用通常被描述为物理场，在其中基本粒子之间交换规范玻色子。例如，带电粒子的相互作用通过电磁场媒介发生，而贝他衰变则通过弱相互作用实现，当一种相互作用不能够用其他相互作用的概念来描述时，它就是基本相互作用。自然界中有四种基本相互作用：电磁作用、弱作用、强作用和引力作用，电磁作用和弱作用已经由弱电统一理论合并，这种作用又在标准模型中与强作用统一起来。②

不但很"物理"，而且是标准的还原论：当一种力不能由另一种力加以解释的时候，它就是基本作用力。所谓物理学，就是以发现事

① http://en. wikipedia. org/wiki/Interaction.

② http://en. wikipedia. org/wiki/Interaction.

物的根本原因为己任，穷尽事物之理。在这里，解释者试图给出所谓"相互作用"的物理"图景"或"机制"：一个粒子与另一个粒子之相互作用，本质上是它们之间在进行某种交换，一般是进行粒子的交换，这种交换也被解释为"场"。

第二节　互动视野中的图灵机

哲学上对"相互作用"的解释带有普适意义，而物理学的解释则是对客观物理世界的说明。用经过修正的波普尔"三个世界"理论来看，哲学解释适用于三个世界中任意两者之间的关系；而物理学的解释，则主要用于发生于世界 1 中的情形。现在，我们关心的是发生于世界 3 与世界 1 之间的特别情况：也就是，在世界 3 与世界 1 之间，当发生所谓相互作用时，那意味着什么？

互动着的世界 3 和世界 1

如本章开头所述，世界 3 与世界 1 的相互作用，我们已经从哲学上作过讨论，"原则"认可了二者之间的相互作用：

"世界 3 与世界 1 可以直接相互作用，其前提是世界 3 以文本形式存在，并且在文本中含有时间序列信息，能够被按时间序列运行的信息处理机器识别、执行，其结果可以改变世界 1，世界 2，还可以改变世界 3。"

　　问题是，在发生着所谓的"相互作用"的时候，究竟发生了什么事情？能不能给出那种情形下的物理图景或者描摹？也就是说，有没有可能把这种描述还原到更加基本的要素，从更加具体的、更加接近于物理层面上认识，作一番类似于物理学上的具体描述？毕竟，还原论的魅力在于，它使我们对于事物的认识达到极致。本文的目的就是要认识相互作用过程中，世界3与世界1之间究竟发生了什么？我们是不是有可能对这一问题作出某种还原论意义上的解答？

　　我们简要回顾一下这种相互作用理论。要理解世界3与世界1的相互作用，有两点十分重要：

　　第一，世界3的编码形态。在数字化时代，世界3主要采用一种具有时序意义的数字化编码形式存在着；[1]

　　第二，世界1是一种特制的人工自然，它是严格按照时序指令运行的机器系统。[2] 实际上，它就是目前我们普遍使用着的计算机。

　　当我们说，追究知识与机器互动究竟意味着什么，意思是想弄清楚，究竟二者在互动的时候发生了什么？实际上，无论科学或是哲学，还是其他具有强大解释与说明力的学术，在解说一个事物施加作用于另一个事物的时候，总是要尽可能讲清楚这种所谓的作用在进行的过程中究竟发生了什么事情，才算得上是讲得比较清楚了。同样，在解释因施加作用而必然会产生出来的反作用的时候，也要作出一样的澄清。

---

[1] ［英］牛顿：《自然哲学之数学原理》，王克迪译，北京大学出版社2006年版，第65页。

[2] ［美］伯特·德雷福斯：《人工智能的极限——计算机不能做什么》，宁春岩译，生活·读书·新知三联书店1986年版，第187页。

还有一点十分重要：那就是，我们希望，也是一种所谓合理的解释所必须要求的，采用某种机制来说明这种相互作用（世界 3 与世界 1 之间的），它是如此的"基本"，被还原到如此的"微观"，已经不可能再对这种机制或模型作出进一步的说明或解释。我们已经得到了哲学上的解释，现在，我们追求一个比较"还原论"式的、近乎于"物理的"解答。

图灵机

我们十分幸运，这样的机制早在 70 多年前，A.M. 图灵先生已经为我们准备好了。图灵详尽描述了著名的"可计算机器"模型。这种被后人称为"图灵机"的模型，无论在理论上还是在实践上都是计算机科学和人工智能研究的奠基之作。

图灵机由以下几个部分组成：

1. 一条无限长的纸带 TAPE。纸带被划分为一个接一个的小格子，每个格子上包含一个来自有限字母表的符号，字母表中有一个特殊的符号口表示空白。纸带上的格子从左到右依此被编号为 0, 1, 2,...，纸带的右端可以无限伸展。

2. 一个读写头 HEAD。该读写头可以在纸带上左右移动，它能读出当前所指的格子上的符号，并能改变当前格子上的符号。

3. 一套控制规则 TABLE。它根据当前机器所处的状态，以及当前读写头所指的格子上的符号来确定读写头下一步的动作，并改变状态寄存器的值，令机器进入一个新的状态。

4. 一个状态寄存器。它用来保存图灵机当前所处的状态。图灵机的所有可能状态的数目是有限的，并且有一个特殊的状态，称为停机状态。[①]

图灵进一步解释说：

"这里提出一个可以取得满意效果的方法纲领。通常认为一台数字机算计是由三个部分组成的：

1）存储器

2）执行单元

3）控制器

存储器是存储信息的，相当于人类计算机使用的纸张，可以在这些纸上做演算，也可以用它来引出充满规则的书。当人类计算机在他的头脑里做演算时，一部分存储由他的记忆承担。

执行单元的作用是完成演算中所包含的各种具体的运算。……在有些机器中，只能非常简单的运算，如'写出 0'。

上面提到过，供计算机使用的'规则书'可以用机器中的一部分存储替代，这时就称它为'指令表'。控制器的职责就是监督这些指令按正常顺序执行。控制器的构造方式决定了这种结果必然出现。

……

读者必须承认这个事实：数字计算机是可以按照我们所描述的原

---

① A. Turing, "On Computable Numbers, with an Application to the Entscheidungs Problem", in *Proceedings of the London Mathematical Society*, Series 2, Vol. 42, 1936; reprinted in *The Un-decidable*, M. David（ed.）, Hewlett, NY: Raven Press, 1965. 转引自 http://zh.wikipedia.org/wiki/ 图灵机。

理制造的，而且的确已经制成了，同时，他们确实能非常接近地模仿人类计算机的行动。"①

　　这个机器的每一部分都是有限的，但它有一个潜在的无限长的纸带，因此这种机器只是一个理想的设备。图灵认为这样的一台机器就能模拟人类所能进行的任何计算过程。图灵的原意是，这样，他就能够证明机器可以任意模仿人类的智能。

　　然而，图灵的原初设想并没有得到所有哲学家和人工智能学者的一致认同，反而激起经久不息的热烈争论。

互动视野中的图灵机

　　现在我们从另一个角度审视图灵的机器。

　　那长长的纸带上，每个方格都记录着指令，那是人类的智慧结晶；同样，控制器中的控制规则，也是人类的知识使然；

　　读写头、存储器和按特殊构造方式构造出来的控制器，是图灵机中的物理部分。

　　很容易看出来，这就是计算机的基本构造，也是我们所关心的知识与机器发生着相互作用的处所，是世界 3 与世界 1 的典型，满足我们在前文对世界 3 和世界 1 提出的要求。现在，我们更加关心的是，计算机运行的时候，在这两个世界之间发生了什么：

　　情形一：在某些模型中，纸带移动，而未用到的纸带真正是"空

---

① 　[美] A.M.图灵：《计算机器与智能》，载玛格丽特·博登编：《人工智能哲学》，刘西瑞等译，上海译文出版社 2006 年版，第 61—63 页。

白"的。要进行的指令（q_4）展示在扫描到方格之上（根据 Kleene
（1952）p.375 绘制）。

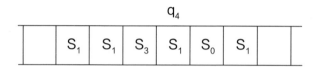

情形二：在某些模型中，读写头沿着固定的纸带移动。要进行的
指令（q_1）展示在读写头内。在这种模型中"空白"的纸带是全部为
0 的。有阴影的方格，包括读写头扫描到的空白，标记了 1,1,B 的那
些方格，和读写头符号，构成了系统状态（根据 Minsky（1967）p.121
绘制）。[①]

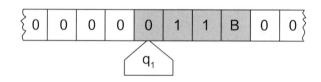

科林（Kleen）与明斯基设想的这两种读写模式，代表了图灵机
的基本运行模式。它们表明，计算机运行时，纸带上的信息在被读出
的同时又被改写着，也就是说，读、写动作同时在进行着。机器的物
理状态在不断变换着，与此同时，机器中存储着的代码也在不断被读
出和写入，这就是信息处理机中实际发生着的情形。

上述图灵机的两种读写模式，讲的都是发生在"机器"层面所发

[①] 　这两种情形均引自：http://zh.wikipedia.org/wiki/ 图灵机。

生的事情：单个信息代码的写入（存储）、读出、擦除、再写入（存储），这就是我们一直寻找的物理意义的事件，那种特殊的相互作用——世界 3 与世界 1 之间的相互作用。在我们的更大范围的理论研究中，它正是知识与机器互动的根本机制。

历史上，图灵提出这样的模型，并非为计算机的理论与实践而作，而是为了回应大卫·希尔伯特提出的与形式系统有关的决策问题。1928 年，希尔伯特提出，是否存在着"有效的"（或者"机械的"）方法用来判定在任何形式系统中的给定表述是否可以证明。图灵的回答在 1936 年给出，他认为这种方法是不存在的（或者说非确定的），而所谓有效的或机械的方法，需要给出一种确定的、明晰的及广义的定义。上述图灵机模型就是图灵设想的机械方法的定义。[①] 这一理论构想，连同图灵在 40 年代的其他研究成果，启发、推动了计算机科学的进步。

数十年以来，图灵机模型一直被当作基本思维模型来对待，理论上它确定了形式化思维的基本结构，实践上它指明了计算机器的基本架构，因而也是计算机其模拟人脑的基本理论依据，是人工智能科学和哲学的起始点。

我们认为，把人类的智慧与智慧的成果——知识加以区分是很有意义的，它使得我们面对的问题变得相对简单。图灵机作为智能机的基本模型也许还有一定争议，数十年来关于人工智能的无数激烈论争充分证明了这一点，但这一模型，作为有说服力的、解释世界 3 与世

---

① John Preston, *Introduction to Views into the Chinese Room*, John Preston, Mark Bishop（eds.），Clarendon Press, Oxford, 2002, pp.2–3.

界1相互作用机制的模型，也就是知识与机器的相互作用模型，不仅十分合乎形式化理论的需要（知识的编码需要，以及代码转化的需要，特别是，时序编码的需要），也合乎制备信息处理机器（计算机的一种，循着时序运行的信息处理机器）的需要，应该是容易被接受的。

简而言之，把人脑还原为图灵机，会导致并且已经导致激烈争论，数十年没有结果；如果把人脑的成果——知识与机器的相互作用用图灵机来模拟，就有了些许新意。

第三节　知识与机器互动的根本机制

似乎没有必要再把图灵机发生的相互作用在进一步还原出物理图景，尽管这种机器必然是有其特定物理图景的。在巴贝奇时代，它是一系列齿轮；那之后，它是打孔的纸带和光电管以及电子管机器；再后来，它是磁带和磁头以及晶体管电路。今天，它是磁性硬盘机和集成电路。它的未来形态尚不能确定，但是有一点不会改变：它必定是世界3和世界1的某种新的具体表现与存在形式。

有趣的是，图灵设想出可以模仿人类任意智慧形式的通用计算机器，无数的人沿着他指引的方向努力，计算机器和技术已经取得极大进步，但是却一直不能令所有人信服，计算机终将模拟甚至取代人类智能。然而，图灵的设计却意外地证明，修正后的波普尔三个世界相互作用理论，特别是其中的关键部分，世界3与世界1的相互作用。

图灵机器模型于 1936 年提出，波普尔三个世界理论约在 20 世纪 60 年代提出，而在 2000 年前后被修正，并使这两个理论相互结合，直观而有力地说明知识与机器之间的直接互动关系的机制。

至此，我们希望本书完成了预设的任务：讲清楚发生于知识与机器之间的相互作用的具体机制。这种机制是发生于世界 3 与世界 1 最基础层面上的，最接近于物理作用的机制。从整个理论课题角度来看，解决了这一机制问题十分重要，构成了知识—机器互动理论的基础层面，但还远远不是全部。遗留下的问题更多，甚至可能更困难。例如，在机器方面，从图灵意义上的读写头和存储机构到当今先进的计算机器，结构上、复杂程度上固然早已不可同日而语，但是似乎还是个较容易把握的方面。而另一方面，从图灵机能够处理的机器代码，上升到人类知识，中间还有多个分层。机器能够直接处理的代码如何组合成有语义的句子、进而构成人类知识，还是远远悬而未决的问题，也是当今人工智能研究、各类先进计算机架构研究的前沿问题。这里涉及到的仅仅是知识的模拟问题，还有许许多多工作要做；而我们距离解决智能的模拟问题，可能还路途遥远。

第四节　关于智能型互动模型的讨论[①]

无需否认，波普尔关于三个世界的划分对于我们理解知识的增长

---

① 该节主要内容发表于《知识—机器互动机制的可能性的探讨》，《自然辩证法研究》2003 年第 6 期，作者：王克迪、傅小兰、黄斌。

和生产仍然具有原则性的指导意义，波普尔规定的三个世界之间的关系并没有发生根本的变化，世界3与世界2、世界3与世界1分别相互作用仍然是今天的知识生产的主要形式。然而，随着信息技术成为重要的知识传播和处理手段，由于计算机技术的介入，三个世界及其相互关系出现了新的情况。在以计算机为核心的现代信息处理系统中，作为人工自然的计算机裸机系统可视为一种世界1，而采用数字编码形态的、含有时间序列的计算程序软件可视为一种世界3，那么世界3与世界1就可能发生直接相互作用。在这种情况下，波普尔的三个世界关系由直线形转变为环形，其中任何两个世界都可以发生直接的相互作用。在计算机技术日益广泛应用的今天，对波普尔三个世界理论尤其是他的三个世界相互关系理论进行修正，是十分必要的。

本节根据修正了的波普尔三个世界理论，提出一种知识—机器互动机制，分析运用现代计算机技术对这一机制进行模拟验证的可行性和具体方案，并对有关问题进行讨论。

我们的基本思想是对上述概念推理进行机器验证，其关键之点在于世界3与世界1的直接互动，因而称为知识—机器互动系统。提出的基本设想包括三个方面：（1）把上述机器（计算机）与程序的直接互动推广为一般的知识—机器互动关系；（2）体现这样的关系的系统可以作为新的知识产生机制；（3）对上述关系与机制进行验证演示。

上述三个方面中的前两个已经作为哲学推理得出，并获得一些科学研究实例的支持（如虚拟现实系统、发现洛仑兹吸引子的计算机运算系统等），并且前文已经指出，图灵机其本质就是知识—机器互动的根本机制和模型。因此，本书重点在于阐述如何实现上述设想中的第三点，即如何对知识—机器互动关系与机制进行比较严格意义上的科学模拟验证。

模拟验证的可行性分析

鉴于以下三个方面的进展，我们认为模拟验证设想已具备较充分的可行性。

第一，迈克尔·海姆（Michael Heim）借用中国古老的"风水"概念，专指虚拟现实技术中用于描述物理科学刻画的本体论世界的信息之流，其中居于核心地位的是世界与事件发生于进行的过程[①]。Heim 指出，虚拟现实及其客体建构描绘了对于现实世界存在物的理解，这种理解已经在 20 世纪后半叶哲学中准备好，现代先进的计算机和网络技术是检验这些存在物特性及其运动的实验台。

2000 年以来，斯坦福大学知识系统试验室（KSL）托马斯·R.格鲁伯（Thomas R. Gruber）等人将人工智能研究与下一代万维网研究结合，提出所谓"本体论"（Ontology）[②]系统，利用高性能计算机对存储信息的内容进行语义分析，实现机器智能，预期在电子商务等领域将得到广泛运用[③]。有关思想和实验模拟代表了有关研究的最新进展。

---

① M. Heim, "The Feng Shui of Virtual Reality, Crossings: eJournal of Art and Technology 1.1", http://crossings.tcd.ie/issues/1.1/.

② T. R. Gruber, "A Translation Approach to Portable Ontology Specifications, KSL 92–71", KSL 网站.

③ N. F. Noy, et al., "Ontology Development 101: A Guide to Creating Your First Ontology, KSL 01–05", KSL 网站.

第二，人工智能研究证明，原则上可以用图灵机模拟人类思维[①]，信息处理技术最终可以实现机器对人类智能的模拟。我们对此一"强人工智能"立场有一定保留，即不认为现阶段的机器模拟可以真的模拟人脑思维机制，但认可机器模拟在科学研究上的合理性。

第三，20 世纪 80 年代以来的复杂性研究大量使用的计算机模拟试验证明[②]，通过适当编制程序，在适当的外部条件下，大量粒子或其他成员组成的随机系统有可能实现自组织功能或表现出某种智能。

上述所有例证中，计算机程序作为一种时间序列相关的文本被引入世界 3 是关键性的，知识与物质（准确地说是人工自然或机器）的互动是核心。其本质在于，机器系统（包括人工智能系统）与其说是模拟人脑的思维机制，还不如说是运行人脑的思维产品。在这里，重要的也许不是这样的机器系统能否模拟人脑机制，而是这样的机器系统及其运行环境能否真的实现知识与机器的互动，并创造出新的知识产品。

模拟验证的设想

本书提出的模拟验证的具体设想是，尝试运用计算机系统对上述

---

① ［美］A.M. 图灵：《计算机器与智能》，载［英］玛格丽特·A. 博登编：《人工智能哲学》，刘西瑞、王汉琦译，上海译文出版社 2006 年版。

② ［美］米歇尔·M. 沃尔德罗普：《复杂：诞生于秩序与混沌边缘的科学》，陈玲译，生活·读书·新知三联书店 1997 年版。

［美］迈克尔·海姆：《从界面到网络空间——虚拟实在的形而上学》，金吾伦、刘钢译，上海科技教育出版社 2000 年版。

［美］约翰·L. 卡斯蒂：《虚实世界——计算机仿真如何改变科学的疆域》，王千祥、权利宁译，上海科技教育出版社 1998 年版。

经过修正的三个世界相互作用理论和逻辑推理进行模拟和验证，并使之臻于完善。

进行模拟验证所运用的计算机系统表面上类似于改进的虚拟现实系统或一般意义上的人工智能系统，本质上却有较大区别。传统的人工智能系统，本质上也是机器与知识的互动系统，其主要目的在于揭示知识（程序）所蕴含着的未知知识，或者说揭示已有的知识（表现在编制好的机器的运行程序中）的尚未展示给人的自主性。可以推断，新知识的产生不会超过预设程序的蕴涵，机器的作用仅在于加快或者尽可能充分地展示这一过程，当然，这样的过程一般是人脑（世界 2）不可能或者没有耐心加以揭示的。

然而，预设程序（世界 3）中包含的内容的自主性或超越性（波普尔术语）还不意味着未知知识的全部，即使是最完美的程序，也不可能包含全部的未知知识，甚至也不能包含全部的已有知识。因此，我们所能够做到的仅仅是考虑来自两个方面的变化因素，即在预设的运算环境中加入非人为控制的知识（世界 3）和物理世界（世界 1，非线性）的信息，在这种情况下，世界 3 与世界 1 之间发生相互作用时，我们有理由期待更多的新知识产生，其形态为编码信息，可以是概念、图形、数据，也可以是某种规律或事实，甚至概念本身。

模拟验证的目标与方案

实现模拟验证的目标在于，通过建立一个能够进行计算机验证和演示、适合解释现代信息技术条件下知识、客观世界与思维主体关系的相互作用，以及新知识产生的理论和概念体系，在高性能计算机系统上设计具备知识表达、概念推理和运行结果演示功能的开放性系统，对修正了的三个世界理论进行模拟和检验，并在实证和文献研究的基础上对上述理论进行充分论述与发展。

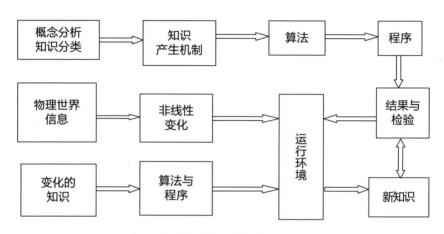

知识—机器互动关系模拟实验示意图

为达到上述目标，需要重点解决两个关键问题：（1）设计一个精巧试验，在一个（对物理世界和知识世界）信息开放的系统中模拟知识与物理世界的互动关系，该实验的关键部分是确定知识的产生机制及其算法表达。系统的开放性通过输入某种信息实现，途径之一是输入外部物理世界的非线性信息，拟由外部传感设备通过模数转换接入计算机实现；途径之二是直接输入某种知识。（2）设计、组建高性能知识—机器互动系统，这包括较强大的运算环境，受到编程控制驱动的外部设备，可以将外部世界信息转化为知识或编码信息的传感设备等。上图是模拟实验方案示意图。

互动验证模型的意义讨论

本书提出的设想具有科学和哲学理论意义，表现在三个方面：首先，从科学技术与哲学社会科学相结合的角度提出一种解释人—机关系的新理论，实际上是把传统的人—机关系研究转换为知识—机器关系研究，可能将有助于人工智能与机器认知研究，至少为虚拟现实研究提供一种新思路。

其次，为人—机系统嵌入一种新的人为控制关系，即知识控制因素，提出未来社会中知识生产新机制。尝试利用计算机模拟哲学概念和进行推理，为哲学社会科学研究信息社会问题提供一个可供选择的理论平台。

最后，从方法论角度来看，本书设想缘起于哲学理论推理和概念分析，采用了一些来自科学研究，主要是虚拟现实研究、复杂性研究、混沌学研究和计算机数值模拟等方面的实例和证据，再通过引入一些新概念廓清原先的一些概念，从而达到修正原有理论（波普尔的三个世界理论）的目的。本书提出的模拟验证的基本目的是从科学意义上检验这种修正，将这种主要由哲学推理和概念分析得来的理论认识回归到科学层面的实验模拟研究，其方法论上的主要依据将是哲学推理与科学研究共同遵循的逻辑推理规则，这种在方法论上合法性是本书设想的合理性的基础。

可以期待本书提出的模拟验证将出现积极的结果，它将提示，在现代人—机关系研究中，哲学研究成果，特别是充分适应了现代科学发展新形势的哲学理论，有可能给予科学研究以思路上的帮助，有时甚至是直接的指导。这种帮助或影响是客观存在的，并不依某个人的意志和喜好而改变。众所周知，在以电子计算机为核心的人工智能研究领域，近几十年来，虽然来自硬件和软件两方面的进展极为巨大，但是仍然没有取得根本性的突破，迄今有关人工智能研究还存在着乐观派（例如"强人工智能派"）和悲观派（例如"反人工智能派"）两种极端的重大分歧。对立双方都有相当多的实例和逻辑依据作为支持，难以取得共识。我们相信，最终解决这样的问题可能在一定程度上依赖于哲学理论的重大发展。

人工智能的本质在于模仿人脑的知识生产机制。人工智能派的信念是可以制造这样一种机器系统，利用它完全可以模拟人脑的思维；反人工智能派则主张在人脑机制未充分明了之前，所谓机器模拟无异于缘木求鱼，而人脑之复杂绝非今日之科学技术可以穷究探底。显然争论的关键点在于对人脑思维机制的认识和模拟上。本书另辟蹊径，建议采取不同的思路，不直接触及人脑机制问题，而采取间接方式，把人脑的思维能力通过编程即人的思维产品来表达，也就是把直接模拟世界 2 转换为用世界 3 来代替这种模拟。由于世界 3 的客观性容易获得，具有与世界 1 一样的客观性确认，这样的机器系统的合理性至少相对易于获得论辩双方的接受，因而它的实验结果也将相对引发较少争议。因此，在某种意义上，本书提出的模拟验证应该能够作为一种对于人工智能研究问题的解决方案来对待。

也许更重要的还在于，本书提出的实验检验结果还将再次回归到哲学层面：证实了，将表明哲学理论的修正是正确的，因而这种理论获得重要的科学基础；否证了，则将出现较为复杂的情况，它可能提示哲学推理或概念分析有误，也可能表明引入概念失当，还可能证明（在这个理论修正中）把科学研究事实提升到哲学概念层面的认识中具体做法有重大偏差，当然也不完全排除对于这种提升方法的全盘否定。此外，模拟研究中的试验设计、编程说明甚至编程本身乃至系统运行过程中都有可能出现差误，导致验证失败。在这种情况下，将会提出许多新课题。但是无论如何，哲学研究都会从中得到一定的启发。

最后，还有一个机器系统产生的"知识"的认证与鉴别问题，这将既包含知识形态的判断，也包含逻辑判断，还包含价值判断等多种因素。我们以为，这个问题不是目前可见的以及将来可预见的机器系统能够自行解决的，它需要人脑的参与来解决[①]。正是在此意义上，笔者认为，人终归有人的用处。此外，有关问题的解决，还依赖于信息处理技术的长足进步。

---

① 王克迪：《什么是虚拟现实？应如何看待虚拟现实?》，载中共中央党校哲学教研部编：《哲学热点问题释疑》，中国城市出版社 2002 年版，第 75—82 页。

第六章

知识—机器互动理论的应用

前一章讨论了知识—机器互动的机制，特别是把这种互动还原到基础模型——图灵机，我们就能够进一步认识和了解今天这个信息社会的基本原理以及它的未来走向。本章将关注有关的应用问题，也算是本书的应用篇。我们从数据以及数据与哲学的关联议题开始，逐步展开讨论互联网和有关的信息科学技术，看看它们给社会带来了哪些变化。

第一节　数据与哲学①

数据问题进入哲学视野，可能是当代哲学面临的最大变化。哲学

---

① 本节内容发表于《学习时报》2015 年 9 月 14 日，原标题《数据、大数据及其本质》，以及《吉林党校报》2015 年 8 月 20 日，原标题《浅议数据的物理学气质》。

家们探索的数据本质特征，我们可以从以下几个方面来把握。

数据与大数据

正像前述搜索结果所呈现的，仅仅最近几年，数据问题才进入哲学视野。在这之前，数据往往被理解为数字、参数，或某些特定格式的符号，它来源于一些测量仪器设备，属于纯粹科学技术或工程领域。在这些领域里，数据成为人们感知、描述，以及规定和改变自然事物和社会现象的工具。在数据之外，人的思维还有很大活动空间，人们凭借概念、感官印象甚至想象，用以感知、描述和规定人的精神、情感和社会活动。简而言之，在大数据出现以前，数据是人们用来表征某些局部世界，它有用，但是有局限。

技术进步，主要是计算机、网络和各种类型的传感器，以及云技术、分布式计算与存储等海量存储技术的广泛应用和运算能力急速进步，使得数据概念被大数据概念取代。数据量增加速度之快，大致可以这样描述：最近两年生成的数据量，相当于此前一切时代人类所生产的数据量的总和。

大数据指的是，所涉及的数据量规模巨大到无法在合理时间内通过人工达到截取、管理、处理，并整理成为人类所能解读的信息。

大数据的特征，除了巨大、快速、多样多变之外，没有其他。因此，大数据本质上还是数据。

在大数据的上述特征中，其多样多变性值得特别关注。它表现为所生成数据格式的多样，如文字、图片、视频等各有多种不同的格式，取决于生成数据的技术与设备，却反映出数据生产的时代性以及数据处理的能力与条件，也反映出被描摹自然和社会的多姿多彩。

另外，随着技术发展和数据量急剧增长，新的数据格式还会层出不穷，多变和多样特征更加突出。大数据既是一个技术概念，又是一个商业概念，它的出现，有其特定背景，即 IT 领域的商业和渲染新技术的考量。大数据包揽了人类获取数据的所有途径，提示哲学研究一个全新时代的到来，这个时代的先声，很久远之前就已经响起，那时，它仅仅被称作数据。在我们的讨论中，主要考虑数据与哲学的关联。

数据与认识

这里的认识，指的是人的认识，是人对外部世界的认识。

大数据的出现和引起关注，使得一个事实得到确认，这就是，数据覆盖了人类对于外部世界的感知。感官及其所获得的经验退居到显示屏之后，退居到各种类型的技术装置之后，这些装置将自然和外部世界的映像"转译"成人类感官可以接受的图像、声音甚至触觉、嗅觉和味觉，这既是技术发展的必然，又是始料未及的情况。如果说，此前，哲学还试图在技术系统生成的数据之外寻找世界的直观映像——其实那也往往是哲学家自己的误会——到了大数据时代，这种人类的直接感知即使没有被完全取代，也失去了其传统意义上的优势。一言以蔽之，哲学，需要从数据中寻求对世界的认识，舍此即失去认识的来源。

　　这似乎是一个惊人的变故，其实不然。在影响人类认识的议题上，大数据带来的变化，只是数量和范围上的，并非根本意义上的改变。事实上，回顾历史，我们发现，我们对外部世界的感知，从来都是依赖于某些技术装置的，也就是说，人的认识，其实是通过数据获得的。

　　最早的技术装置，可能是直尺，它用于测量长度，例如田亩；更早的述说技术装备，也许是绳结，它用来述说一件重要的事件。在我国，从河北泥河湾先民打造石器，到安阳殷墟龟甲上刻画的文字，都可以看作是某种"数据"，表达着人类对外部世界的某种认知。而面对着所有这些早期的承载数据的技术装备，人们获得对外部世界的某种最早的抽象认识。古代人先后发明过算筹、斗和称、漏刻、浑象仪、量角器等，无不是用来产生认知外部世界的数据，人们也发明笔、纸张、雕版印刷术，也是用来记录和生产数据。依托所有这些，数据成为人们认识的依据，思考的源泉，表达的工具。

　　近代以来，西方的技术和科学异军突起，望远镜、显微镜、六分仪、光谱仪、质谱仪乃至加速器、射电望远镜相继出现，成为人类认识外部世界的有力工具。这些技术装备产生的数据成为近现代思想的新的依托。到了当代，伴随着电子计算机的强大数据处理能力的出现，各种延伸和拓展人类感官感知能力的器皿设备层出不穷，终于完全或接近于取代人类对外部世界的直接感知，通过把数据呈现给人类，成为人类认识的来源。这就是大数据的时代。

　　关键点在于，我们所知的世界，全部是数据表达的，其中一部分获得理解和解释，更多的只是数据，没有得到解释甚至没有得到关注，它只是像自在自然那样在那里，等待人们去搜索发现它，解释它，运用它。

更重要的是，所谓的世界，无非就是数据，数据背后的自在之物，我们不得而知。

数据与本体

根据上述认识，似乎可以通过观察数据的形成和生产，来理解哲学与科学在解释客观自然议题上此消彼长。

一般认为，在经典科学时代，哲学与科学在描摹自然方面的差异，在于是否运用经验（测量与观测）数据和使用数学方法。今天我们发现，这并非全部问题所在。从经典科学发凡，直至大数据崛起的今天，自然科学的确在使用各种技术装备获得的数据方面占据优势地位，哲学则固守传统的概念分析和一般推理方法，这还是指的好的哲学。这与其说是哲学落后于科学，毋宁说人类获得数据的能力尚有不逮，给传统哲学留有施展余地。

在近代科学初兴时期，它并没有从传统哲学中分离出来，它被冠之以自然哲学。与之相并行不悖的，有哲学本体论和形而上学。后两者都是试图以某些观念描述和解释外部自然，寻求事物的本质，并在哲学领域合法存在。伽利略、牛顿等人推崇使用先进观测和实验手段观察与调控自然，用数学述说自然过程。当这一切成为风气之后，哲学本体论逐渐衰退，哲学似乎放弃了对客观世界的描摹和解释，让位于自然科学。

最后一位试图运用科学数据来解释自然的哲学家是康德，他研习了牛顿的运动力学和天体力学，提出宇宙演化学说。然而，拉普拉斯在康德基础上，用物理理论和数学表述了星云说，在无限时空中的恒星和星系演化学说。拉普拉斯之后，科学之描摹自然优越于传统哲学得到公认。

一般认为，在经典科学时代，哲学与科学在描摹自然方面的差异，在于是否运用数据和使用数学方法。今天我们发现，这并非全部问题所在。经典时代，直至大数据崛起的今天，自然科学的确在使用各种技术装备获得的数据方面占据优势地位，哲学则固守传统的概念分析和一般推理方法，这还是指的好的哲学。这与其说是哲学落后于科学（仅就描摹自然本体而言），毋宁说人类获得数据的能力尚有不逮，给传统哲学留有施展余地。

大数据的出现，包围了人类认知世界的所有方面，情况发生变化。在科学界开始讨论并实施"计算一切"的时候，同时也给哲学重新回到讨论本体论打开方便之门。这可真是始料未及，又是情理之中。这里发生的变化是，数据成为认知的源泉，思维的质料；我们对世界的解释转变为对数据的解读，舍此无他。大数据的出现，使得我们发现，我们所知的称作外部世界的东西，是通过数据来呈现的，当我们寻求世界的本质和意义时，我们实际上是在数据中徜徉；当我们觉得有所发现、有所体悟时，实际上是自觉找到了一些数据之间的关联。

此外，人工智能领域还有另外一种"本体论"，似乎与我们这里进行的数据本体论讨论有些关联，又有些意味深长的暗示。在约翰·塞尔提出"中文屋"（Chinese Room）思想实验之后，人们寻求机器理解的解决。起初，斯坦福大学的格鲁伯（Gruber, 1995）提出，本体论（ontology）方案可用于描述事物的本质，是对概念化的精确描述。它是领域（领域的范围可以是特定应用，也可以是更广的范围）内部不同主体（人、机器、软件系统等）之间进行交流（对话、互操作、共享等）的一种语义基础，即由 Ontology 提供一种共识。

格鲁伯的本体论其实是一种方法，它用于解决机器的理解问题，作为对约翰·塞尔提出的"中文屋"思想实验的回应。塞尔证明，机器可以做很多事情，但与对事物的理解无关。事实上，机器什么也不理解，不能像人类一样理解自然语言中表达的语义，计算机只能把文本看成字符串进行处理。格鲁伯的 Ontology 主要为机器服务，试图在机器中提供一种共识，以便于促成机器的理解。因此，在计算机领域讨论 Ontology，本质上是要讨论如何表达共识，也就是概念的形式化问题。

格鲁伯这一解决方案并不成功，它被后来伯纳斯·李（Tim Berners Lee）等人提出的语义学方案取代。后者迄今也没有取得成功，但是语义学方案在机器系统中较之本体论似乎有较多的可操作性。

人工智能研究中的本体论方案，对于数据时代的传统哲学研究，不啻为一种隐喻。面对海量的数据，通过概念来实现对事物（数据）本质的把握，既是必须的，也是可行的，它是知识共享即人际（机器之间、人机之间）交往思想沟通的基础。实际上，人类一直就是这么做的，人们一直在进行着从现象（本质上是数据）中抽象出概念，进而把握事物的意义和本质。而机器之所以不能够做得到，根本原因还在于机器没有达到真正的智能。

数据的物理学气质

所谓物理学气质，指的是像物理学那样思考事物的本质，从原理层面上对事物的本质进行探究，揭示出事物的基本规律。近年备受热捧的数据和大数据是否具有揭示事物基本规律的功能，可能还有待于观察。但是，数据，就其现象而言，似乎已经展示出某种物理学气质。考察这一特性，既有利于认识数据的本质，也有利于深化对物理学的认识。

这里所说的物理学，主要指的是量子力学。量子力学发现，建立在经验观察基础上的认识，受到基本物理原理测不准关系的限制，客观世界原则上不可能真正被观察到，我们只能根据物理测量结果认识世界。而测量本身形成对客观世界的干扰，导致无法真正认清它的本来面目。所以，我们对于世界的认识，唯一来源就是测量的结果，即所谓经验。量子力学的这一认识原则引发将近一百年的讨论，至今未能平息。

当我们回顾前述数据与大数据的认识论与本体论含义时，就明白，一直以来有关量子力学问题的争论，本质上就是对于数据的意义的争论。显然，爱因斯坦不愿意接受数据给出的结果，以及对于数据的解释，而尼尔斯·玻尔则认为数据揭示的自然正是自然本体，无论我们是不是喜欢它。

有趣的是，人们一直在争论量子力学的测量问题，此前却几乎从来没有人意识到测量的结果本身就是数据，而数据已经成为事实上的认识来源。离开数据，我们对于外部世界一无所知。

在这个大数据时代，当我们认识到，数据正是我们认识世界的源泉，所谓世界其实就是数据构成的。正像量子力学所强调的那样，世界隐藏在经验表象背后，我们所能谈论的，只是经验本身。我们也会看到数据本身所具有的物理学气质，实际上，到了大数据时代，物理世界是通过数据呈现给我们的，数据就是世界。

数据的应用意义

已经有了许许多多大数据应用实例报道，既有商业的，也有医疗的，科学研究的，教育的，甚至人类情感的。本节讨论那些得到解释、获得意义并得到组织起来的数据的应用意义。

最好的例子是 3D 打印。

3D 打印的要义在于，在一个由计算或数据处理系统驱动的特制设备中，一段编制好的软件可以控制机器系统打印或制造出一个特定的物理实体。无论这个实体有多么复杂。理论上，3D 打印出的实体，可以具有任意形状，任何功能。

如果世界 3 的概念能够得到认同，并且得到合法扩展，即，世界 3 不仅包括人的精神活动的产品，还包括人类编写的计算机程序，还包括有各种传感设备生成的数据，那么我们可以说，所谓数据，实际上就是世界 3；大数据，就是大世界 3。

在知识与机器互动理念中，世界 3 与世界 1 互动，从而可以生产新的世界 3。这已经有了大量例证。现在，科学技术进步又提出了新的可能：在 3D 打印的条件下，世界 3 与世界 1 的互动，可以产生出新的世界 1，即具有物理性质和使用价值的实体产品。这是前所未有的。

实际上，推广 3D 打印的原理，我们会发现，数控机床、智能制造乃至一切智能控制的生产制造系统，都建立在知识与机器的互动基础之上。而知识与机器互动，其原理可以还原为图灵机模型。这一原理向我们揭示了数据时代的计算、通信、生产的基础，也是我们在一切运用到计算设备时的基础。正是因为有了这种互动，数据时代的物质文明才成为可能。

在这里，一类特殊的数据，即被编制成程序或软件的数据，具有特殊意义。程序是数据时代最重要的知识产品。

面向数据的哲学

大数据概念的滥觞，启示哲学研究：所谓哲学的认识来源，无非是数据。这与唯物主义立场并不矛盾，承认在认识之外存在着一个物理的世界，是哲学和科学研究的前提。然而，唯物主义需要发展，人的感官对外部世界的感知是质朴粗浅的，我们幸运地际遇大数据时代，人的全部感官都得到科学和技术的延伸，我们对外部世界的认识，不再直接使用感官，而是面向数据。这将是新哲学的起点。

　　而哲学形成的认识，依然是数据。当然，此数据非彼数据，哲学的认识，毋宁说是波普尔意义上的世界 3。按照波普尔的定义，世界 3 指的是人的精神活动的产品。我们曾把这一定义加以延伸，使之包含人们编写的计算机程序。世界 3 加入程序成员之后，可以与特定的世界 1 互动，使得世界更加生动，更加智能。这一课题仅仅才开始，是哲学的永久课题。

　　然而有更多的数据存在着，数据与世界 3 不同。把数据组织成世界 3，使之有意义，正是哲学和科学的使命。在技术上，人们使用搜索器，统计方法，甚至编程，为的就是从大数据中找出有用的东西。在利用数据方面，真正意义上的人工智能还远未实现。如前面已经讨论过的，哲学研究关注思维过程和机制，将十分有助于人工智能研究。

　　在数据时代，因果关系可能不再显得重要，取而代之的，是事物与现象的关联。如沃尔玛公司发现的啤酒与尿布关联。有文献指出，大数据时代，信息之间的因果联系让位于关联性，正是如此。这也是哲学面向数据所发生的又一转变。

　　哲学将更加关注生活的意义，这是目前的机器系统不能告诉人们的。移动计算设备和宽带接入永久改变了人们的生活方式，一切都在迅速变化之中，人们现在把数据当作临时家园，但是它的永久意义与价值，有待于哲学的阐发。

　　最后，哲学的解释世界的功能不会变化，它是永恒的。数据的意义，世界的意义，还是有待于哲学给出最终解。

第二节　数据及其影响世界的途径

数据代替经验成为认知来源，已经越来越得到广泛认同。历史事实（特别是科学研究历史）表明，所谓经验，本质上是人们通过某些手段获得数据，例如测量。人们通过测量获得数据，然后在数据中进行筛选，进而运用归纳方法或演绎方法，在数据之间建立联系，得到科学认知或一般意义上的认知。

科学的进步，某种意义上说，是获得越来越多的数据化的经验。例如对于不同颜色的光的识别，牛顿时代人们可以用肉眼比对颜色差异，但到 19 世纪末，发明色谱仪和光栅，颜色就可以直接转换成数值读出。这对于许多科学研究领域都极为有用。我们对于原子世界的认知、对于宇宙的认知，全部来源于光现象的数据化。

以往，所谓数据只是主要与科学技术研究和工业生产有关。然而到了今天，随着信息技术飞速进步，数据已经几乎完全覆盖了我们的感官：我们所看到的、听到的，甚至触摸到的和嗅觉与味觉能够感知到的。几乎除了人体自身的主观感受之外（如疼痛感），一切客观经验实际上都是通过某种技术方式转换成数据，从而在很大程度上替代了我们对外部世界的直接认识。数据的影响已经远远超出科学研究领域，在这个大数据时代，我们获得与存储的数据量以指数规律增长，人人都面对数据，都受到数据影响。数据已经成为我们感受和认知外部世界的最主要来源，如果不是唯一来源的话。

此外，或许更重要的，数据中还有很大一部分是人们编写的知识或计算机程序。这可以理解为人们将获得的经验数据加以条理化和建立逻辑关联，使之可用于解释现象，可控制计算机器。前一种情况早在现代数据产业形成之前已经广泛存在于书籍报章之中，实际上是通常所说的科学理论，以及用以描述和解释各类社会现象与历史的学说；后一种情形则以现代计算机为其存在基础，它是使计算机服务于人类的重要知识。这些知识与和程序与前述的数据差别在于，前者是离散的、随机的，数量巨大；而后者是经过分类整理建立逻辑关联的，甚至经过形式化处理的。

基于以上认知，我们必须关注数据对社会的影响。我们讨论数据影响社会（实际上是影响人）的三条主要路径。这三条路径是依次逐渐开通的，目前同时存在着并同时发挥着影响。

路径一，是知。上面开头的简要讨论已经涉及"知"的一部分问题，但还不是全部。"知"原本属于个体意义上的，但是许多人共同的"知"，就具有社会意义。这正是"知识就是力量"的根本含义。严格说，并不是到了大数据时代"知"才是一个重要议题，此前在书籍发明出来，纸质和电子媒体兴起之后，都大大促进了"知"。"知"使人脱离蒙昧，促进文化文明发展，促进社会进步和现代化，显然"知"是一种进步。

数据时代之前，"知"存在于书籍报章之中，存在于饱学之士的大脑中。知识的传播依靠阅读和学习。几千年中，求知和知识传播是社会历史发展的主要动因。

数据时代以网络和高速计算机以及海量存储为物质基础，在这种新的基于知识的社会基础设施架构上，"知"转化为数据成为海量资源，获取知识变得极为方便又即时传递，每一个人的"知"可以通过网络与他人共享，数据形态的"知"转变成每一个人的"知道"。使他人"知道"成为网络时代或数据时代的标志之一。

网络与数据影响社会的第一种路径，早在20世纪六七十年代网络问世之初已经开始显现，它通过淘汰纸质和传统电子传媒，今天的影响力已经达到鼎盛。"知"或"知道"通过网络成为亿万人的共识和共同意向，甚至共同行动的指引，就会成为一种前所未有的力量，这就是网络和数据所发挥的传媒作用。为什么"知"具有这种力量，这是数据时代需要特别研究的问题。需要指出的是，知与知道在现阶段展示了网络与数据的巨大社会效应，以至于许多人把网络和数据理解为具有传播功能的传媒。然而，这种对于数据和网络的认识并不全面，它只注意到了它们的媒介作用，而没有注意到它们的生产力性质。

从另一角度说，也更具本质意义的，"知"必须通过人的认知主体才能实现。因此数据影响社会的这一路径，是通过外部数据与人的精神活动相关联的。这可以部分回答上述问题，"知"因为改变了个体的主观认知状态从而影响社会。传统的纸媒、书籍和电子媒体也发挥这样的作用，网络和数据改变的不是这一影响机制，而是改变了影响的方式和范围，以及时效。

路径二，是变。数据通过网络与社会既有部门和产业结合，盘活生产要素，推动生产力升级和社会转型，进而形成新生产力。笔者理解，这就是方兴未艾的"互联网+"的实质意义。

这一影响的实现机制，本质上无异于前一情形，无论是社会部门或产业受到影响，都是供职于其中的个体的人因获得"知"而改变主观状态从而影响其观念和行为，进而改变生产与消费行为方式，改变人们和社会机构的认知与管理方式，实现产业与社会的变化与转型。

值得指出的是，运用这一数据影响社会路径方式，人们在观念上比前述仅仅把网络看作传媒的认识水平大大提高。人们积极主动地将数据和网络与现实的社会生产设施装备相结合，数据和网络不仅发挥"知"和知识传递功能，它更被当作一种生产要素而发挥作用，一种极具时代特色的活跃的新生产要素。它的加入，使得农耕时代和传统工业时代的社会生产力中加入了更多的知识成分，数据在网络中的快速流动，为传统产业注入前所未有的活力，带来生产与消费的信息，定制化生产的数据与要求，智能与自动化生产的标准和规则，它优化旧的产业，逐步升级传统制造业向着未来的智能化生产过渡。

路径三，是创。数据与特定物理设施的直接互动从而形成新的产出能力，包括产出知识和物质产品。这里说的产出新知识，在科学研究中，已经有大量事实证明，数据与机器（计算机器）的互动可以产生出新的知识，如四色图定理的证明，贝尔不等式的证明，洛仑兹吸引子的发现等等。不久前的 AlphaGo 击败围棋世界冠军更为生动地证明了这一点。

后一种情形，知识与特定的计算机器互动创造出新的物质产品、提供新的社会服务，在近年已经初见端倪，这就是 3D 打印，以及当前令人目不暇接的各类无人驾驶车辆和飞行器，还有机器人和人工智能实验。将会有更多的数据通过与计算机器和工作母机的互动生产出物理实体的情况出现，应该说前景无限宽广。

这种数据影响社会的方式，与前两种情形根本不同，是一种崭新的机制，展现数据与网络结合的新生产力本质。它大大超出了我们以前对于数据、网络和社会生产的经验，超出了过去几乎一切认知。实际上，它完全绕过了常规的主体认知环节，本质上无需人的直接参与，但却可以营造出人需要的产品与服务。人类第一次面对这一新情况：在物质生产中，人不再必须直接参与生产活动之中，而由人创造的知识替代人本身。生产劳动实质上转变为智力劳动，是数据形态的知识与机器相互作用在从事具体的社会生产。而第三种路径，今天刚刚出现苗头，然而它预示着未来，它将越来越显现出巨大的活力和优越，越来越势不可挡。人类从来没有像现在这样，面对一个始于知识存储和传播，却要全面替代人的体力劳动和部分脑力劳动的技术体系。

这种数据影响社会的机制，将人从直接的生产活动中解脱出来，人的劳动，将由体力和脑力参与，转变为主要是脑力活动，实际上主要从事知识生产；而物质生产将由知识与机器的互动来实现和完成。其结果，将是培育出一种全新的人类，全新的社会，在那个社会里，人们生产知识，运用共享的数据从事生产满足生存与生活所需。如果说，人类将会实现大同社会，知识与数据的共享将是首要条件，而知识与机器互动创造社会财富将是一种可能而现实的途径。

数据和网络的三种影响社会路径，并非相互取代关系，而将是长期共存。它们共同满足了人类的求知、进步和创新的本性。

最后，回到对此前讨论的哲学解释，我们说世界 3 与世界 1 的直接互动，并不意味着人变得多余了。在人—机互动关系中，人的精神创造处于最关键性的原创地位：机器是由人设计制造出来的，程序是人编写的，机器输出的结果也是需要人来作出价值判断的，因此，世界 3 与世界 1 的直接互动是有条件的，人的参与对于机器系统而言是无条件的，人居于最终支配地位。正因为如此，讨论人工智能是否会超越人类智能，并没有特别的实际意义。目前国内外计算机科学专家和信息科学家比较一致的看法是，未来的人工智能还将会有长足的发展。并不存在人工智能能否超越人类智能的问题，然而，人工智能能够在某些方面补充人类智能的不足却是确定无疑的。信息技术在未来最有希望的发展方向，如汪成为院士所主张的那样，是将会产生一种"人—机共生体"，在其中，机器部分将进行复杂烦琐的数据运算和逻辑推理，并直接推动物理世界的机器设备运行以实现人类的目标，而涉及到创造性、美感、情感、价值判断等方面的问题时，则由人脑完成[1]。于渌院士则进一步明确提出，未来社会将是一种平行世界，由强大的计算系统配合着人类大脑从事社会管理和社会生产，他将这样的社会称为工业 5.0。[2]

基于上述认知，笔者完全赞同两位院士的见解。

---

[1] 汪成为：《人类认识世界的帮手——虚拟现实》，清华大学出版社、暨南大学出版社 2000 年版，第 20 页。

[2] 引自于渌 2015 年 4 月 22 日在中央党校所作的报告。

第三节 信息时代的 e 劳动与政策

笔者在 2002 年曾提出 e 劳动概念[①]，当时认为这一概念有助于认识围绕着计算机和网络所需要进行的原创性和辅助性劳动，并且指出这种新类型的劳动将是未来社会财富和劳动价值的主要表现形式。

2006 年前后，大数据概念提出。计算机和网络连接起无数形式繁多的数据采集源头，存储海量的数据。从那时起直到现在，e 劳动概念得到极大扩展和延伸空间，其本质含义也有待进一步发掘。也在此前后，IT 圈内对于从事 e 劳动的从业者有了一个更形象、有些戏谑自嘲的俗称：码农。

从 MH370 失踪事件看 e 劳动价值

今次我们从最近的搜索马航失联 MH370 航班事件，对围绕着 e 劳动的一个特别值得注意的情况展开讨论。

相信本书所有读者都在某种意义上是这个事件的参与者和观察者。数十个国家参与搜联，数十颗卫星、数百艘舰船、数百架飞机，携带着最先进的探测、监听、侦查设备，先后在中国南海、马六甲海

---

① 《e 化劳动将会给我们带来什么?》，《科学时报》2002 年 9 月 15 日。("论 e 劳动"，先后发于《现代科学的哲学争论》，孙小礼主编，北京大学出版社 2003 年版，第 456—461 页;《数字化与人文精神》，鲍宗豪主编，上海三联书店 2003 年版，第 259—267 页)

峡、印度洋搜索了 3 周时间，积累了海量数据。

　　然而，所有这些数据中，只有国际海事卫星组织（INMERSAT）的卫星记录到的 7 次来自 MH370 发动机的 ping 信号是可靠数据，并且得到有效利用；数以万计的专家和技术人员的努力，唯有英国空难调查处（AAIB）中 40 余人对那 7 个 ping 信号的分析为搜索失联航班提供了不容置疑的结论：飞机"ended"于印度洋核心区域，距离任何一块陆地的距离不小于 2500 公里。

　　让我们回到大数据和 e 劳动。这次搜寻动用的人力物力前所未有，在后方计算机房里的专业人员、无数业余人员和志愿人员的计算机屏幕上耗费时间和精力根本无法统计，所有参加搜救国的数据采集能力和分析统计能力都超强，但都没有得到令人信服的结论。在 MH370 事件中 e 劳动未能获得高效率。这就是为什么很长时间里谣言四起、阴谋论盛行的原因。人们依赖卫星、雷达、飞机和舰船给出各种海量数据，却最终不能信任这些数据，从中也不能得出有效的结论。

　　AAIB 分析师们所做的很简单，假定 INMERSAT 数据指明的南北两条航线都是可能的，那么运用多普勒效应分析 ping 信号的载波频率漂移，可以判断出飞机究竟沿着哪一条航线飞行。分析结果表明，起先 3 次 ping 信号的频率升高，表明飞机飞向赤道，其后 4 次 ping 信号频率下降，表明飞机又远离赤道。以此可以判断飞机沿着南向航道飞行。

　　把有效数据应用于物理学（科学）定律，尽管这一定律十分简单，是海事组织获得令人信服结论的关键所在。

不幸的是这架飞机还是没有找到。人们已经继续努力了很多年，搜寻飞机 ping 信号消失地方相邻大片海域。这一工作也许还将持续很长时间，要对整个事件的科学和技术影响进行总体评估还为时太早，但是我们现在已经得到两个教训：

1. 大数据时代，e 劳动中很大一部分仅仅在于累积数据；

2. e 劳动本身未必提高劳动效率；它需要加上科学知识才是有效率的。换句话说，普通"码农"的劳动价值不高，拥有坚实科学知识的"码农"才是大数据时代劳动价值的创造者。

未来社会生产方式

笼统地说，中国社会有轻视社会生产重视财富分配的传统，无论是历史地看还是着眼于当前。这甚至可以帮助我们理解为什么马克思主义在中国不但得到传播而且成为指导思想。经典作家在研究社会财富分配问题上用功甚多，但在财富生产方面则讲得较少。

然而，经典作家正确指出了，社会的财富生产、社会生产力是推动社会发展运动的基本动力。是生产力决定了生产关系，进而影响或决定了社会制度乃至上层建筑。根据这一原理，任何时候、任何变革当前，研究明白社会财富生产方式都是重要的，是抓住历史前进的主脉。

当前，科学技术中最活跃的因素是网络、超算、大数据处理和人工智能，笼统地说就是 IT 科技。另外一些活跃的科技因素还有材料科技、生物科技和精密制造。几年来，在 IT 高速发展并逐渐深度应用的社会生活各领域基础上，我国强有力地推动"互联网＋行动计划"，不仅在世界各国中已经领先，而且已经使得未来社会生产方式逐渐显现，展示出前所未有的活力。

虽然信息和通信技术与人类文明一样古老，古人也发明了与那些时代技术水平相当的生产和记载，以及传播信息的技术，然而严格地说，IT 是在工业化进程中发生的技术。发达国家在工业化早期已经有了 IT 的雏形，如电报、电话甚至无线电通信，但真正现代意义的 IT 技术无疑还是第二次世界大战期间发明的通用电子计算机和战后发明的基于数字计算机的分布式通信，即网络。当然这一新的技术进展与前期的技术发展有密切关联，如电子技术和机电一体化，包括电子元器件的研发生产和运用，尤其是半导体技术和中央处理器技术，后者本身也成为工业化过程中的活跃要素，甚至是关键要素。人们也认识到，这样的进展也高度依赖于基于量子力学的半导体理论。

网络发明于 1969 年，那一年人类实现了登月，这不仅仅是一种偶然巧合。它在某个侧面显示出 IT 的发展超越了当时的工业需要，同时触发 IT 的引领作用。在完成了工业化的国家如美国和西欧，早期的网络主要用于科学实验室之间的通信和电子公告板（BBS），然而这种相对超前的技术必然会找到适当的途径深入到社会生活和社会生产中，引发社会的变化。

这种变化始于 1989 年，那一年伯纳斯—李发明了万维网（www）。在普通用户看来，万维网实现了文字、图片和声音的整合传输，使得人们仅仅使用鼠标就可以浏览网页，促发了网络用户的爆炸式增长。这种社会需求激发了全社会的 IT 技术供应，网络中心（服务器和大型机)、有线网和个人机的普及。

最初,几乎所有人都注意到网络是一项媒体革命,网络传递消息的快捷特别是多媒体信息的能力令人瞩目。只有少数了解计算机原理的学者才会注意到机器和网络中发生的根本性变革:知识(计算机程序)开始与机器(计算机)互动,它最初表现为网络上各节点(计算机)的平权,使得信息的发布、接收和流动极为便捷;但更重要的是,信息传送的便捷并不是它最终的价值,而知识与机器的互动,隐藏着进一步影响社会生产方式的原理。这种影响,并不仅限于社会中对于网络和联网计算机的需求,它即将融入工业社会的生产机制,带来社会变革。

笔者相信,我们当前正是在这一原理支配下从事着一项宏伟规划——"互联网+"。我们都亲眼目睹了网络正在快速而彻底地改变着我们的生活,网购,共享单车,各种生活费用支付,微信与支付宝,以及它的"负面"影响:百货商店、邮局、银行业务的萎缩和凋零。

事实上,知识与机器的互动,早在网络出现之前的 20 世纪 60 年代,就已经显示出超越人类创造知识的威力。洛仑兹在计算程序中修改了边界条件,于是计算机画出了史上第一副展翅的蝴蝶图样。这样的图形不是人脑可以发明的,但当人们解读这个图形,就开创了一门新科学:混沌学。无独有偶,20 世纪 70 年代,人们用大型机演算贝尔不等式,初步确定了,始于 1935 年的爱因斯坦与玻尔关于量子力学是否完备理论争论,玻尔正确。同一时期,计算还证明了困扰人们一个多世纪的四色图定理。凡此种种,都说明了,基于现代计算机实

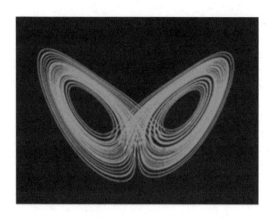

20 世纪 60 年代，洛仑兹在计算程序中修改了边界条件，计算机画出史上第一副展翅的蝴蝶图样

现的知识—机器互动，可以创造出人类原先无力创造的新知识。也即是说，知识与机器互动，可以创造出新知识。

最近十年，更重要的进展出现了，同样的知识—机器互动原理可以在适当技术系统安排下，直接生产出物质产品。这就是已经逐渐进入产业领域的 3D 打印。理论上和实践上都提示，3D 打印原则上可以制作出任何形状、性能的物理实体，只要有适当的程序软件和打印材料的支持。此前的一切时代，人类都没有能够掌握如此强有力的生产技术，也从来没有任何一项技术能够如此有力地证明，知识—机器互动原理可以直接生产出物理实体（世界 1）。这就是为什么在德国的工业 4.0 指引和我国的相关规划中，3D 打印居于制造业发展核心地位。

从原理上讲，无论是网络节点上的计算机，还是单个的计算机，在其运行中都隐藏着 IT 时代最活跃的要素：知识与机器的互动。剖析各种计算的机制，可以发现，它的基本架构正是在计算机行业中奉为圭臬的图灵机。这也正是哲学分析之面向未来的绝佳议题，可以从中揭示出未来社会生产（知识的、实体的）的基本原理。

当然 IT 不是单打独斗，它真正影响社会、左右未来发展，还需要其他科学技术的配合，如材料科技、生物科技、精密机械制造乃至航天科技等。

网络时代创新的价值取向与相关公共政策[①]

迄今为止，网络创新主要价值取向是提高产出率和增加新业态，其优点是逐步推高创新的技术含量和引领性，著名例子如人工智能、智能制造，代价是高就业率的传统产业逐渐被淘汰，新增就业岗位少于失业岗位。来自网络精英的创新更多地使得大众成为创新成果和新业态的被动受体或消费者，至多是参与者，而不是创新合作者。其后果是创新必然导致高产出新产业向发达国家与地区集中，而被边缘化的消费者遍布全世界。这可以解释当前世界范围内的动乱甚至恐怖活动。

解决之道：在公共政策以及相应的创新政策中应鼓励那些能够导致扩大就业和众多就业者的新业态的出现，在一味追高的精英式创新与有利于大众就业与参与社会财富创造之间，应能够进行区别并选择后者。

近代以来，特别是20世纪科学技术最直接影响消费者和劳动力市场的教训是：一、新技术新产品创造新消费，进而创造出新的社会生活方式，乃至新的社会组织形式；二、科学技术最终要减少社会生产所需的劳动力，首先是体力劳动者，其后逐渐扩展到一般脑力劳动者。在21世纪初期的今天，互联网带来的社会巨变正将这一切呈现

---

① 本节主要内容发表于《学习时报》2017年9月20日，原标题《网络创新的价值取向与公共政策制定》。

在人们的面前。

本节不拟详细讨论这一教训，也不面面俱到地讨论 21 世纪以来的社会巨变，而是以此为前提，讨论面对网络时代的新情况，有关科技创新的价值取向应当有怎样的转变，以及相应的公共政策应当做怎样的调整。

让我们从两个实例开始：网购和共享单车，这两者都不久前开始在中国出现并急速蔓延。它们共同依托现在几乎无处不在的移动支付，但却表达了新技术发展的两个不同价值取向。

网购和由此快速崛起的快递业重新塑造了传统的零售业，十多年时间，中国每年的网购已经达到百亿次，涉及金额数以万亿计。网购的便利和快捷带来全新的消费体验，也大幅度减小了千百年来城乡的消费差距，中国因此而一跃成为网络应用最成功的国家。然而，不争的事实是，大量的百货和购物中心乃至各类专业门店失去顾客，从业人员被迫转业，甚至城市景观因之变化。几乎无处不在的移动支付受到世界各国的追捧。另一方面，移动支付开始影响到传统银行门市业务，许多岗位流失。

无疑，网购和移动支付本身是巨大的技术进步，它们带来的社会影响如此深刻，如此广泛，至少在中国，以前很少见到一项技术应用有如此之大的影响。但是，这种影响可谓喜忧参半。

另一项进展，同样基于移动支付——共享单车，仅仅出现几个月，但是已经迅速改变了中国城市人口的出行方式。调查表明，日常生活中，绝大多数人离开家庭出行（购物、就餐、访友或工作）距离在几公里之内，然而这一需求从来没有被（公共交通和出租行业）机动车辆满足过。基于网络的移动支付，共享单车被一位叫胡炜炜的年轻女子发明出来。在一瞬间，几乎所有城市同时出现了大量色彩鲜艳的自行车。人们只要用手机扫一扫，就可以骑上车，到达目的地后就地离开，直到下一位骑行者将车骑走。目前，中国的各个城市已经投入数以千万计的共享单车。

这一发明赢得了几乎所有人的一致赞美。它带来的便捷，正是人们对现代城市生活所一直亟盼的。感谢移动支付，它成就了这项了不起的创意，它为无数人带来方便，缓解了居民点交通拥堵，它甚至使许多人恢复了久违的运用体力出行方式，一种健康有益的活动。它还使得传统的自行车制造业恢复生机，甚至使许多维修自行车的技师重新被需要。

让我们回到议题。

从蒸汽机出现，到电气化实现，科学技术创新的主要方向是提高传统劳动的产出率，或者是提高劳动效率。在早期工业化国家中，机器和工业化满足了人们的生活必需，如采矿、铁路输运、机器纺织和粮食加工，随后就面对失业率增高的困境。这可以解释 19 世纪中期和 20 世纪初期欧洲发生的社会动乱与国际战争。这里的问题在于，技术发明，并没有使得人们成为普遍的受益者，更谈不上参与者。技术发明，变成争抢与掠夺的工具。

19 世纪晚期和 20 世纪初期，电气化发端，在进一步提高生产效率的同时，新的科学技术创造了大量的新的生活和消费方式，如无线电广播和电视，乘汽车和飞机旅行，这些新发明、新产业增加了大量新就业（在提高劳动力的知识水平之后），与此同时，人们也成了新发明的消费者。

无论何种发明、何种产业，它或多或少增加或减少从业者，但它必须适合人类的需求，或者是基本需求，或许是较高级的需求，也就是使人们成为它的消费者。在此意义上，近代以来的科技发明和工业化一直有效，总体上积极贡献（新的生活和消费方式、减小劳动强度、延长人类平均寿命、生活更加多姿多彩）多于负面影响（导致失业或引发某种负面影响，如化学工业与毒品泛滥）。然而，严格地说，到第二次世界大战结束为止，所有的科学技术发明和工业生产，都是服务于人的生存需求和生活舒适，机器的作用主要是延长人类的肢体，普通人一直是技术发明的消费者。

第二次世界大战后情况发生了改变。人类发明了通用计算机，随后发明了个人电脑和网络，开始研究和发展人工智能。到21世纪初，高性能计算机和高速宽带网络为基础的移动终端与人工智能开始改变了近代工业化以来的基本局面，机器不仅仅延长了人类的肢体，而且开始逐步延伸人类的大脑，并且由此开始改变过去百余年来人类已经习以为常的工业时代生活方式。数以千计的超算中心、数以亿计的移动终端使得每个人都成为新技术体系中的参与者和消费者。虽然我们没有理由担心人类未来将被人工智能统治，但人工智能实实在在开始在体力和脑力劳动工作岗位上取代人类。

让我们考虑下述假定：一个国家或社会已经基本实现了工业化，就是说它已经可以满足人民的生存需求，甚至满足大多数人的生活富裕要求。这时这个国家或社会所面对的是建立在信息流动基础上的更加方便、更加舒适、更加多姿多彩的生活和娱乐的需求。在传统工业化时代，这些可以通过增加服务业（第三产业）来实现，并带来大大增加的就业率。然而，现实却是，这些服务业刚刚开始出现不久，机器开始取代人类就业者。在所有人类承担着信息的采集、分类、汇总和甚至分析处理的场合，越来越多的智能系统出现了，他们正在逐渐取代人类就业者。人类正在被机器驱赶向目前机器还不能替代的劳动岗位。不幸的是，很多这样的岗位并不是手脑并用的高级岗位，反而是较初级低端基础服务业，如餐饮、迎宾、护理等，而较高级的如银行、编辑、教学等却面临着大数据、人工智能应用的强大竞争。

于是我们面临着一个前所未有的严峻局面：我们在科学技术上大力创新，这些创新改造传统产业，但结果是我们被逐出所从事的产业，失去工作岗位，尤其是传统上需要大量就业者的岗位。这是为什么？

简单的解释是，自古以来，一切涉及信息的过程，都是必须人脑参与的过程，例如抄写，它要求人阅读、理解、选择文字符号、书写、核对，所有这些过程都需要大脑的积极和主动参与。更不用说对于信息的编辑、修改、统计或总结了。然而，到了今天的信息时代，所有这些环节，似乎都可以用大数据技术和人工智能技术取代，不再需要人脑参与。以前，也许人们以为肢体运动更易于被机器取代，实际上，人脑的简单活动更易于被机器取代。

现在，发达程度不同的国家和地区，都在不同程度上感受到了这一新趋势：技术变革正在取代人们的肢体，同时也正在取代人们的大脑。人们正从传统工作岗位上被逐出，发现自己在现行社会架构中找不到属于自己的位置。当这种情况很普遍时，社会就发生问题，挫败感和失意会驱使人们接受极端思想，产生暴力、反社会甚至反人类行为。

于是，我们面对一个价值选择问题，网络时代，技术创新究竟应该秉持怎样的价值观念？是一味提高生产效率，还是让每个人都有事做都能找到自己的位置？这是一个简单然而十分重要的选择，它直接影响每个人的就业，影响社会稳定，也影响未来社会的走向。

认识到这一点，我们可以确定，好的技术创新政策，应该是鼓励社会全体至少大多数人可以参与的、有事可做的，而不仅是一味提高效率，却将依靠体力或脑力劳动立足于社会的普通人逐出工作岗位。这将是政府的责任，将是未来创新政策和公共政策所需要特别考虑的。

诚然，科学的发展并不可能完全沿着政府政策的方向而发展，技术创新也有其自身的规律，我们依然甚至更加需要高水平的有利于高效率的科学技术成果，但是，政府的职责在于选择科技成果应用，使之有利于公众利益，有利于社会稳定，有利于长远发展。

或许，在不久的未来社会中，科学技术将会进步到使得人们几乎不需要体力劳动，也不需要一般的脑力劳动。世界上绝大多数人将不再需要参与社会生产。到那时，我们将需要怎样的公共政策呢？我们希望，到那时，依然每个人都有工作，在社会上有自己立足之地，而他每天可能只需要工作一两个小时，每周只需要工作三天，或者每年有很长时间假期。当他工作时，他是机器所不能取代的，富于创造的，充满乐趣的。

伴随着科学进步和技术创新，这样的时代已经开始了，我们已经迈进了门槛。

第四节　人机大战带来的挑战[①]

2016 年 3 月，全世界人都亲眼目睹了一件盛事：计算机 AlphaGo 与韩国围棋国手李世石举行的围棋大赛，计算机以 4：1 战胜了人类。这是继 2005 年国际商用机器公司的深蓝计算机在国际象棋赛中战胜俄罗斯国际象棋大师卡斯帕罗夫之后，计算机再次毫无悬念毫无争议地胜过人类棋手。

观察 AlphaGo 与世界冠军李世石之间的人机大战，可以从以下两个线索展开。

第一个线索是信息技术对社会的影响。这种影响大致沿三条路径依次展开，并且同时存在着：首先是网络的传媒作用，建立在计算机通信基础上的网络通信完全改变了传统信息传送方式，尤其是无所不在的移动网络和终端形成的及时传播能力，展示了强大的消息传送和娱乐功能；其次是网络结合数据形成的"互联网+"效应对传统社会架构和产业特别是制造业的影响，网络的生产力属性已经充分展开；最后是建立在高性能计算和大数据挖掘基础之上的新一代人工智能所具有的创造性，AlphaGo 已经展示了它对人类智能的模拟所达到的惊人程度。现代信息技术影响的这三条路径，大致适用于世界所有国

---

① 本节主要内容发表于《理论视野》2016 年 4 月，原标题《从人机大战看智能制造对中国的挑战》。

家，也适应各种民族文化条件与传统。

第二个线索就是工业 4.0 概念。其中工业 1.0 是运用水力或燃烧动力推动机器从事产品制造，工业 2.0 是由电力推动工业生产线实现产品量产，工业 3.0 运用基于计算机的自动化和初步智能化生产。工业 4.0 则是制造业完全智能化，包括用户定制、柔性生产和定向配送等所有环节。工业 4.0 是工业和经济发达国家针对高性能计算与网络化发展态势提出的未来制造业发展构想。从各发达国家因应德国工业 4.0 而提出的计划来看，所有国家都一致认同新一代信息技术与制造业融合将重塑人类社会的基础架构。

结合这两个线索观察，目前发达国家如美国、德国和日本已经处在由工业 3.0 向工业 4.0 升级过程中，进展很快。

目前我国实际上同时存在着 4 个时代的工业形态，其中 1.0 水平的工业尚有一定规模遗存，工业 2.0 尚未全部完成，工业 3.0 刚刚起步不久，工业 4.0 可谓初见端倪。其中突出了"互联网 +"在提升制造业水平中的引领和核心作用，"十三五"规划中也充分肯定了"互联网 +"在我国未来若干年发展中的作用与地位。

互联网在 20 世纪 60 年代末诞生于美国，80 年代末滥觞于欧洲 (www)，90 年代中期开始在我国落地，起步虽晚但发展迅猛。20 年来，我国互联网应用取得了骄人成绩，网民人数、终端数量都远居世界第一，网络社交、网络金融和购物也遥遥领先，充分体现了"互联网 +"与传统金融业务、人民日用消费相结合产生的强大能力。然而，我们在网络、数据、人工智能方面的基础研究一直处于追赶状态，依然大大落后于发达国家，近期报道的 AlphaGo、无人驾驶以及可回收探空火箭等进展凸显了这种差距，其中的硬件架构、软件算法、程序设计和精密与高性能制造的差距，短期内很难追赶与超越。

AlphaGo 的设计者谷歌公司起步于 90 年代末，它最初推出自己的搜索和浏览器，迅速把视野扩大到高性能计算、人工智能、智能制造领域，致力于用信息技术改造传统社会基础设施、引领未来人类生活，在短时间里获得的成就令人注目。我国也有大致同时起步的众多企业，但在过去 20 年时间里，虽然在传统的社会基础架构特别是消费领域中获得长足进步与扩张，但是在原创技术上和基础研究方面被拉大差距，关键部件和核心元器件（如通用 CPU）生产也一直受制于人，实际上已经处于落后和不利的竞争态势，这是必将影响到"互联网 +"战略的实施，影响到未来数十年我国的战略发展。

观察此番人机大战，以及近期若干最新信息技术成就，有一个重要看点，就是最先进的计算技术、网络技术和人工智能技术，具有开放性和面向社会生产实践特性。实际上，现代信息技术，特别是网络、数据和智能技术，深深影响当下，更将决定未来，这已经是全国上下的共识。然而，从政策层面上看，对于信息技术的认识还存在着明显的误区，其中较明显的有二：一是未认识到信息技术的生产力属性，对网络的认识只注意到它的媒体属性；二是忽视它的开放性，把网络当作媒体加以严格管控从而制约了其生产力属性的伸张。这两方面互为因果互相促动形成不良循环。某种意义上说，这一认识误区决定了有关信息技术的政策矛盾，一方面极力推动"互联网 +"战略，另一方面对网络进行严格监管。这也可能是 20 年里我国网络技术和研究逐步被拉开差距的原因之一。

前几年，人们对于"钱学森之问"有过热烈讨论，也有过多种回答与解释。现在在网络和人工智能研究方面的差距随着人机大战再次引人注目，我们是否应该在认识上和政策上有所警醒、有所调整呢？

第五节　试试将未来社会还原为知识—机器互动①

本节考虑将计算机程序看作波普尔的世界 3 成员，而计算机硬件本身视为世界 1，则在 IT 技术支持下世界 3 可以与世界 1 互动。这种互动最好的范例是图灵机，后者长期以来被误读为智能机或思维机器。未来社会可以还原为互动着的世界 3 与世界 1 机器，即图灵机。

当 AlphaGo 宣布击败李世石之时，所有的人都认识到，一个全新的时代开始了。对于 IT 从业者和人工智能研发者，这是最好的时代：人工智能将全面更新人类的生产、生活、学习、消费和娱乐方式，甚至思考方式，美好的前景已经开始展现；对于不理解甚至恐惧人工智能者，这是最坏的时代：人们有理由担心自己的工作被机器取代，物理学家霍金呼吁，要警惕人工智能支配甚至控制人类！

无独有偶。此前稍早时，一项技术进展一度引发轰动：3D 打印。紧接着，工业 4.0 设想甚嚣尘上。根据德国工业 4.0 指引，科技和工业先进国家正在由工业 3.0 迈向工业 4.0。人们都在憧憬未来的智能制造，德国人则更加明确地指出，在工业 4.0 时代，3D 打印技术将

———————————

① 本节主要内容发表于《科学与社会》2016 年 9 月，原标题《信息技术对未来的影响》。

居于智能制造的核心。

微软、谷歌、Facebook、联想等 IT 公司竞相研发虚拟现实系统，并已经在 2016 年陆续推出上市产品。

本书无意也无能力对上述人工智能、虚拟现实和 3D 打印做技术研究，而是想从哲学上对它们以及一些相关领域作简要讨论，求得对于晚近 IT 某种的抽象理解，进而讨论 IT 这个本时代的代表性技术的社会影响。

图灵机

让我们从图灵机开始。

大约 80 年前，图灵创造性的描述了著名的"可计算机器"模型。这种被后人称为"图灵机"的模型，无论在理论上还是在实践上都是计算机科学和人工智能研究的奠基之作。下图是明斯基理解的图灵机模型。

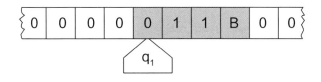

图灵机由以下几个部分组成：

1.一条无限长的纸带 TAPE。纸带被划分为一个接一个的小格子，每个格子上包含一个来自有限字母表的符号，字母表中有一个特殊的符号口表示空白。纸带上的格子从左到右依此被编号为 0, 1, 0, B,

A,...，纸带的右端可以无限伸展。

2. 一个读写头 HEAD（图中 q_1）。该读写头可以在纸带上左右移动，它能读出当前所指的格子上的符号，并能改变当前格子上的符号。

3. 一套控制规则 TABLE。它根据当前机器所处的状态，以及当前读写头所指的格子上的符号来确定读写头下一步的动作，并改变状态寄存器的值，令机器进入一个新的状态。

4. 一个状态寄存器。它用来保存图灵机当前所处的状态。图灵机的所有可能状态的数目是有限的，并且有一个特殊的状态，称为停机状态。

在过去 80 年的时间里，数字计算机是可以按照我们所描述的原理制造的，而且的确已经制成了，同时，它们确实能非常接近地模仿人类计算和推理的行为。

这个机器的每一部分都是有限的，但它有一个潜在的无限长的纸带，因此这种机器只是一个理想的设备。图灵认为这样的一台机器就能模拟人类所能进行的任何计算过程。随后，1950 年，图灵更进一步提出，图灵机就是一种思维机器。图灵的原意是，运用这样的机器，他能够证明机器可以任意模仿人类的智能，以图灵机为基础的机器思维是可能的。

众所周知，图灵机器设想经过冯·诺依曼等人改进后成就了现代电子数字计算机，并获得远超过预期的发展。根据图灵的建议，鉴定机器是否拥有智能，一种有意义的方法是令机器与人类对弈。这一建议影响了许多带计算机的发展，在计算机无数重要功能和应用中，与人类对弈一直为人看重，计算机也表现出众。2005 年，"深蓝"在国际象棋对阵中击败世界冠军卡斯帕罗夫；到 2016 年，AlphaGo 则在围棋对弈中击败世界冠军李世石。这两次重要事件，先后都被认为是计算机和人工智能的里程碑式的进步。

然而，图灵原初关于计算机可以模拟思维的设想并没有得到所有哲学家和人工智能学者的一致认同，反而激起经久不息的热烈争论。其中，反方意见特别值得关注：1979 年，休伯特·德雷福斯在其著作《人工智能的极限——计算机不能做什么》①中指出建立在图灵机器基础上的计算机不可能产生人类的智能；1980 年，约翰·塞尔用令人叹为观止的"中文屋"思想实验证明，建立在现代计算机基础上的机器系统只是在执行指令，在行动，包括推理，但是与理解无关。机器系统与意识和理解无涉。②约翰·塞尔本人是重量级人工智能学家和哲学家。

10 余年后，德雷福斯把原先的著作换名为《计算机还不能做什么？》，几乎一字不改地重新出了这本书第三版。这个版本加写一篇很长的序言，德雷福斯指出，虽然时间过去 10 多年，计算机早已今非昔比并且经过与网络和各项社会应用结合已发展成社会基础设施，但是我们离实现人工智能不是近了而是更远了：因为脑科学的进展使得我们对智能有了比过去更确切的了解，然而我们的人工系统却远远不

---

① [美] 休伯特·德雷福斯：《人工智能的极限——计算机不能做什么》，宁春岩译，生活·读书·新知三联书店 1986 年版。

② [美] J.R. 塞尔：《心灵、大脑与程序》，载 [英] 玛格丽特·A. 博登：《人工智能哲学》，刘西瑞、王汉琦译，上海译文出版社 2006 年版。

能实现那样的功能模拟。[①] 另一方面，2002 年，约翰·塞尔也在《中文屋 21 年》一文中坚定地认为，我们距离真正的人工智能还有很长的路要走[②]。自 80 年代以来人们穷尽各种办法，对机器理解问题还是一筹莫展。

尽管现代计算机器拥有极为强大的计算功能，数以亿计的固定与移动计算设备已经广泛使用，AlphaGo、虚拟现实、无人驾驶系统、各类拟人机器人，以及 3D 打印、智能制造系统等，给人以深刻印象，甚至改变了工业生产态势，改变了社会运行机制，然而德雷福斯和塞尔等人提出的问题并没有得到解决，计算机没有产生出智能。

或许，回到初心，包括图灵在内的早期人工智能研究者只是希望用人工系统模拟人类智能，而非人工生产出智能。而随着机器运算能力的急速增强，人们慢慢产生"错觉"，以为高运算性能的机器系统可以生产出智能，进而人工智能成为追求目标。

那么，我们究竟应该怎样看待图灵机器呢？怎样理解图灵机滥觞形成的计算机大世界大世纪呢？

机器与知识的相互作用

引入卡尔·波普尔的三个世界理论似乎有帮助。首先把人类的创

---

① Hubert L. Dreyfus, *What Computers Still Can't Do: A Critique of Artificial Reason*, The MIT Press; Revised edition（October 30, 1992）.

② John R. Searle, "Twenty-one Years in the Chinese Room", in *Views into the Chinese Room: New Essays on Searle and Artificial Intelligence*, John Preston, Mark Bishop, 1st Edition, Clarendon Press, September 26, 2002.

造物（精神活动的产品）从客观世界和人类自身之中分离出来，这样我们有了三种客观实在：物质自然、人，以及人的精神活动产品。波普尔已经对这种三个世界作了较深入的研究，他分别称之为世界1、世界2和世界3。波普尔指出[①]，最先有世界1，经过长期自然进化和演化后产生出世界2，而人类知识特别是理论成就累积成为世界3。人类文明建立在三个世界共同发展的基础之上，特别是世界3的积累与扩展。20世纪70年代，波普尔与澳大利亚脑科学家、诺贝尔奖获得者艾克尔斯合作，尝试用三个世界理论解释发生在人类大脑中的认知过程，他们合著的《自我及其大脑》（*The Self and Its Brain*）[②] 是研究心理学、认知关系问题、身心关系和人工智能问题的经典文献。

　　波普尔是个实在论者，他的三个世界都有强烈的本体论特征，特别是他的世界3，其客观实在性和自主性是他所一贯坚持的。然而波普尔对三个世界之间的关系的意见不完全适合于今天的信息时代。他虽然认为世界3是客观的，甚至是自主的（即有其客观规律的），但是世界3并不能够直接与世界1进行相互作用，人（世界2）是世界3与世界1之间必须的和最为关键性的中介[③]。这样的理论可以用以解释计算机发明以前的情况，但用来解释我们遇到的计算机器问题显然是不合适的，因为它武断地割裂了物理世界与人类精神活动产品之间可能会发生的联系与互动，而随着IT进步，这一情况已经发生了根本变化。

---

① Karl Popper, "Epistemology Without a Knowing Subject", in *Objective Knowledge: An Evolutionary Approach*, Oxford University Press, 1983, pp.106–152.

② Karl Popper, John C. Eccles, *The Self and its Brain*, Springer International, 1977.

③ Karl Popper, *Objective Knowledge: An Evolutionary Approach*, Oxford University Press, 1983, p.155.

仔细考察以图灵机和以计算机为核心的信息处理技术系统，我们就必须承认，这样的系统由两大部分组成，服从物理运动规律的机器硬件系统（参见第 219 页图，q_1，世界 1）和人类的精神活动产品软件（长纸带记载的程序，计算机程序软件和各种格式文档文本）。这两大部分的技术构成、功能和特点都是前所未有的。计算机硬件系统的核心是处理器，它能够按照时间序列和程序预设进行运算，使人的意图"可执行"，鉴于它的物理特性和实体特征，我们认为它是属于世界 1 的；计算机程序以其是人类的精神活动产品而言，理所当然属于世界 3 成员。但是它又是一种十分不同于波普尔意义上的精神产品，与过去的书籍、纸张上印记的知识有着根本的区别。它包含有可以控制机器（计算机）运行的时间指令，这些指令在特定的按时间序列运行的信息处理器中能够得到执行，因而程序是一种"时间相关"的世界 3，此前的世界 3 只是"时间无关"的文本。这样的由软、硬件组成的信息处理系统，本质上具备使世界 3 与世界 1 进行直接相互作用的能力。在前述图灵机模型中，正是在读写头与长纸带中所发生的情形：通过机器与程序之间的时间关联，二者相互间发生作用，同时各自的物理状态发生相应改变。

我们可以认为，现代 IT 技术本质上是由计算机运行相应的应用程序实现的，一切运用计算机器实现的功能，都是软件和硬件二者相互作用的结果，即世界 1 与世界 3 的相互作用[①]。我们强调二者的相

---

① 关于波普尔三个世界理论在信息时代的适用性问题、重建三个世界理论问题，涉及较多内容，详细分析和论证请参阅笔者专著《赛伯空间之哲学研究》，当代世界出版社 2001 年版。

互作用，是因为在实际运算中所发生的不仅仅是硬件被动地执行软件程序的指令——如果是那样的话，人工智能只不过是一种工业自动控制系统——而是在这样的技术系统中，硬件部分还有大量的感知元器件担任自动输入功能，系统把探测到的信号转换或者添加到软件程序中，进而完成硬件系统对软件系统的"反作用"，这种作用与反作用的动力来自计算机系统的核心——中央处理器。在整个机器系统的运算过程中，软件和硬件的这种相互作用时时刻刻发生着。

这样，我们就可以把现在和未来社会还原到机器与知识的相互作用模型上。

如果用这样改进了的三个世界理论眼光来观察虚拟现实，当人参加到这样的智能系统中去的时候，所发生的情况就是三个世界的相互作用。计算机把信号处理成人类感官能够识别的光（图像或影像）、声、机械（触觉）等物理信号，为人的感觉器官感知；而人通过头部、手部和躯体的运动把控制信息经过硬件系统送入机器的感知部分，转换为电信号后加入到软件和程序中，再经过机器的执行再次转换成物理信号反馈给人。所以，这里所发生的是三个世界的相互作用，其中世界 3 与世界 1 两个部分的相互作用完全可能是直接的，世界 1 与世界 3 的物理状态时刻变化着。

到这里我们就看到人工智能最具有哲学意义的方面：它在人类文明历史上首次实现了三个世界的相互作用。这是一项带有根本性的突破，只有现代信息技术才能够实现这样的突破。它要求波普尔的三个世界理论作出重大修正：世界 3 与世界 1 相互作用。但是，这项突破的全部意义将远远超出哲学范畴，它还将深远影响人类对于数据的认识，对于未来制造业的认识，还影响人类的知识创造、对知识本身的意义与价值的评估、对未来的以知识为基础的经济活动的认知、对新的劳动概念、新的生产关系的理解与认识等，简而言之，可以预期，发现使知识与物质世界直接相互作用的手段与原理，将会对人类文明走向起到重大影响。

数据及其意义

由于世界3本质上就是数据，知识与机器互动原理使得数据有了新的更加根本性的重要意义。随着大数据时代的来临，数据代替经验成为认知来源，已经越来越得到广泛认同。历史事实（特别是科学研究历史）表明，所谓经验，本质上是人们通过某些手段获得数据，例如测量。人们通过测量获得数据，然后在数据中进行筛选，进而运用归纳方法或演绎方法，在数据之间建立联系，得到科学认知或一般意义上的认知。

科学的进步，某种意义上说，是获得越来越多的数据化的经验。例如对于不同颜色的光的识别，牛顿时代人们可以用肉眼比对颜色差异，但到19世纪末，发明色谱仪和光栅，颜色就可以直接转换成数值读出。这对于许多科学研究领域都极为有用，甚至是绝大多数科学数据的来源。我们对于原子世界的认知、对于宇宙的认知，全部来源于光现象的数据化。

以往，所谓数据只是主要与科学技术研究和工业生产有关。然而到了今天，随着信息技术飞速进步，数据已经几乎完全覆盖了我们的感官：我们所看到的、听到的，甚至触摸到的和嗅觉与味觉能够感知到的。几乎除了人体自身的主观感受之外（如疼痛感），一切客观经验实际上都是通过某种技术方式转换成数据，从而在很大程度上替代了我们对外部世界的直接认识。数据的影响已经远远超出科学研究领域，在这个大数据时代，我们获得与存储的数据量以指数规律增长，人人都面对数据，都受到数据影响。数据已经成为我们感受和认知外部世界的最主要来源，如果不是唯一来源的话。

此外，或许更重要的，数据中还有很大一部分是人们编写的知识或计算机程序。这可以理解为人们将获得的经验数据加以条理化和建立逻辑关联，使之可用于解释现象，可控制计算机器。前一种情况早在现代数据产业形成之前已经广泛存在于书籍、报章之中，实际上是通常所说的科学理论，以及用以描述和解释各类社会现象与历史的学说；后一种情况则以现代计算机为其存在基础，它是使计算机服务于人类的重要知识。这些知识和程序与前述的数据差别在于，前者是离散的随机的，数量巨大；而后者是经过分类整理建立逻辑关联的，甚至经过形式化处理的。

首先，有了对于知识与机器相互作用、人工智能以及虚拟现实的哲学解释，就容易评估数据的意义。虽然，人工智能、虚拟现实能否以及能在多大程度上成为人的经验和认识的来源，目前还不能过于乐观，今天的技术发展水平只是展示了一种可能性，就其使人获得经验、体验或知识而言，它还处于很原始的阶段，更谈不上近期有望从根本上改观人类的生活和生存方式。但数据越来越成为或取代人类的认识来源已经是不争事实。人工智能和虚拟现实已经在智能制造、宇宙研究、医学教育（如解剖）、飞行训练、核爆炸模拟等一些专门领域得到应用，效果得到广泛好评。有理由认为，在可见的将来，大数据可能会对人与自然的基本认知关系提出带有根本性的挑战。

其次，根据已经报道的许多实例，智能系统会产生出仅仅依靠人类大脑所不可能做到的发现、发明或效果，如混沌学中的洛仑兹吸引子，数学上关于四色图定理的证明，甚至虚拟生命体 Tierra 以及 AlphaGo 运算出的围棋下法等。从人的角度来看这些意味着重要的发现，其创新之处是明显的；但对于机器而言，所有这些都只是计算机软、硬件互动合作的结果，并不是机器系统所能够理解的，然而其中有许多结果却不是人可以预先预测到的，更不是人们所期待的。关键之处在于：机器的运算结果对于机器的意义、对于人的意义，都是从人的角度看到的，也就是说，机器运行的结果还是需要人来理解，并作出最终价值判断。

最后，可能是人类非常期待并将深刻影响未来社会的，是机器与知识的相互作用，可以产生出新的"世界1"，这就是3D打印所带来的变化。从原理上说，有了3D打印，任何物件都可以制造生产出来，只要能够编写出相应的运算程序。数据从来没有像现在这样对于社会如此重要。

至此，我们认识到，长期以来，人们很可能误读了图灵机模型，它不太可能是智能或思维模型，但却十分可能是一种知识与机器的互动模型，这种互动不但成就了今天的网络、超算和亿万终端狂欢的世界，还能够创造出新的世界3，新的世界1，正是未来社会可以还原到最简模型。

第六节　用分布概念理解未来社会

本书简要讨论一个应用非常广泛却未被广泛认识的概念，"分布"或"分布式"（distribution），尝试运用这一概念理解未来现代化社会。

分布式原意

分布或分布式概念，在日常用语中比较常见，用法和意义有较广泛一致性，暂不做讨论。分布概念被借用进入科学技术领域并产生巨大影响，当属美国兰德公司的研究报告《论分布式通讯》（Paul Baran, *On Distributed Communication*, Jan. 1, 1964）。

在这篇堪称经典之作的报告里，巴兰等人提出网络通讯构想：

1. 网络由多个节点组成，每个节点由数字计算机组成；

2. 节点计算机加装调制解调器，具有同时发出和接收信息功能；

3. 采用"包切换"技术分割信息，使之适应网络传输；

4. 信息传递采用统一的传输协议。

巴兰指出，这样的通信网络是"去中心"的，其最大的好处是任何节点甚至大多数节点被摧毁，余下的网络仍然可以正常完成通讯任务。这正是这份报告需要完成的任务：面对苏联全球投放核武的威胁，如果美国的政治军事指挥中心被摧毁，余下散落在全球各地的军事力量如何得到统一指挥和相互联络。

沿用这份报告提出的分布式通信原理，1969 年美国建成了阿帕网（ArpaNet），1980 年欧洲核子中心（CERN）的伯纳斯·李提出网络改建成万维网（www），即今天大行其道无孔不入的网络。

与此同时，伴随着网络的急速发展和强大影响力，与巴兰的最初的网络通信设想相类似、相适应的概念应用也应运而生、越来越多，如分布式计算、分布式服务、分布式系统、分布式存储，等等。其中，分布式存储在近期发展为区块链，应用于比特币，一时风光无限。

分布概念之可能用于观察社会，在于它的技术定义，而不是日常用语含义。特别是，在分布原理中，除了要求节点和节点连接网络之外，强调了节点之间联络需要使用相同的网络协议，这对于理解社会或文明也是有意义的。

前现代的分布式社会

如果我们稍作考察，就会发现分布原理的核心含义有两点：

一是去中心化，或者说把中心功能分配给每一个节点，更准确地说，就是没有中心，所有节点都具有以往通信系统的中心功能：即同时具有发送和接受信息功能，并确保与每一个节点都能进行有效的互动联络。

二是将完整信息的拆分和重组。在近代以来通信中，这种操作仅仅是网络通信所独有。

其实，考察人类社会历史，这样的分布式情况早已出现。特别是农业社会建立以后，我们发现一种相类似的情况：一个文明或国家，在地理上、空间上是散布开来的。在地表广袤土地上，无数乡村星罗棋布，由一条条道路相连接，这正是一种自然形成的分布，一种原始状态的分布式社会。它的节点由村庄组成，连接网络就是村与村之间的乡道。在乡道上流淌着的，是人和畜力车辆。这提示我们，分布式并非现代通信系统所独有，而是自古已有之。区别仅在于网络系统流淌的内容有所区别：通信网络传输信息，而社会网络（即使是传统的）流淌的既有信息，又有人员和物资。

乡村实际上就是农业社会网络的节点。乡村由人类的群居属性决定而形成，乡村周围的土地供养着它所包围着的村庄。

农业社会还形成了城镇，如县城。县城是乡村社会里重要的大节点，它统摄广大区域中数百乡村，人口可多达数十万。县城之间由县道相互连接。再往上，还有省城，省道，以及数十个县城和发挥交通骨干作用的省道。

省城之上是国家的都城。那里是一个文明、一个国家一切财富、权力和文化影响力的中心。

传统理解上，一般认为，农业社会中社会的影响力方向是由中心外向辐射的，即由都城辐射各省城，由省城辐射县城，再辐射乡镇、乡村。因而，遍布全国的道路系统发挥着十分关键的作用。

然而这只看到了事物的一面。实际上，由于道路系统的存在，人口、信息及财富和物资，也会反向由村庄和乡镇一级级向都城流动，这种流动往往是农业社会或封建社会更本质的流动特性。此外，也还大量存在着乡村间、城镇间、省城间的流动。即使在古代社会，社会节点间的物质、人员和信息流动，不仅是现实的，而且是多向的。

此外，我们知道，即使在古代社会，国家都会在许多城镇或有重要意义的地理位置或站点设置基础设施，如兵站、粮库。这些也是分布式社会中的重要节点，它们与交通网络配合运用，是古代社会的压舱石。

这样的传统社会，由大量节点和连接节点的道路网络组成。它的正常存在和运行，其实本质上就是分布式社会，但是还处于比较原始的形态。老子所谓"鸡犬相闻，老死不相往来"状态，正是这种社会分布的经典描摹。

我国历史上，秦国最早理解了连接社会各节点的"网络"的意义，这就是著名的"书同文"、"车同轨"。这是古代的"网络传输协议"，在欧洲，罗马人也达到了几乎同样的理解，修建了至今仍在使用的道路体系。其意义不需要我们在此重复评估，我们只关注它们对于我们理解未来社会的意义与价值。

在我们看来，这就是人类社会早已有之的"分布式"，其上有节点、有连接网络、有传输协议。当然它是自然而然形成的，而我们今天的网络其实是对分布式社会的不经意的模仿。所谓不发达，所谓传统社会，实际上是说它的节点处于自然生存、自然经济状态；而由于生产力水平低下，节点之间的网络连接效能很低，"老死不相往来"正说明网络连接的缺失或失能。

在近现代形成的工业化社会中，上述分布式格局并没有发生根本改变，社会仍然由人口和财富密集的城乡和大量交通网络组成。然而，工业化和后工业化的后果是使得分布的节点与网络都发生了变化：在发挥节点作用的人口集聚区，生产方式更多转变为制造业、服务业，新兴的科技、高科技以及高等教育也相伴而生。工业社会中的节点，除了人口密集的城市，还包括重要的基础设施基地，如电站、粮库、油库、军营、交通枢纽等。

值得注意的是，在工业化时代，分布节点的生成不再像传统社会那样或者依山傍水，或者地处重要道路交通岔口，或者依靠煤矿发电坑口，而是由于工业生产的需要、政治经济和文化的需要，此外社会网络的发达和多样，以及地缘政治或历史文化因素等，都会导致城市特别是大型城市的形成，有些重要的节点城市或产业区域，其形成原因甚至完全脱离传统社会形成标准。

工业社会的连接网络则有了丰富变化，高速公路、铁路、飞行航线，以及专供信息传输的电话线路、无线通信、广播电视通信等。这些都是国家的重要基础设施。更晚近一些则更添加有卫星通信、光纤、微波等。交通和通信系统的变化，极大地促进了信息、人员和货物流动，更加促进了上述社会节点大型都市的形成。

工业社会最受诟病的是信息、财富和人口的单向流动倾向，或者说运用技术系统强化了社会中心。这背离了传统农业社会的分布，也违背人的自然本性。

以分布观念观察，工业化以来，社会网络系统越来越发达高效，其结果却是导致节点越来越臃肿，甚至形成工业化时代典型的城市病、环境问题。而节点的臃肿导致通向节点的道路和信息传送途径拥堵，其现实的问题是极大增加了社会运行成本，妨碍节点之间互联互通。

其实，分布式本身并没有改变，需要改变的是节点的境况和传输协议。

现代化的分布式社会

从较为技术化角度观察，我们现在处在网络化时代，全社会正在广泛使用建立在分布式通信体系基础上的通信网络。其通信原理，分布式折射出建设现代化社会的意义。

所谓现代化，以前我们理解为工业化，现在进一步理解为吸收了绿色发展理念的现代化，或者说是工业化与生态文明相结合的新型现代化。我们正在为建成面向未来的工业化和生态文明相结合的现代化社会努力进程中。为了资源和环境可持续，为了山清水秀，要求人口、财富、物质生产、知识生产等高度依赖节点集中资源的社会要素能够比较均匀分布，同时又不会产生城乡之间巨大的物质与精神生活差距。简而言之，未来的现代化，就是尽可能恢复人的社会生活的本意，使人的工作、生活更加人性化，是社会节点和网络分布更加符合自然规律。某种意义上说，传统的农业社会那种分布式社会似乎有了新的可能，也被赋予新的意义。

未来社会仍然由节点和连接网络构成，比之此前的农业和工业社会，节点与网络的意义发生质的改变。首先，过往为了生存、发展和效率而必须聚集在节点空间里的物质、财富、知识资源有可能分散开来（被分布了），甚至更加可靠、发展的更好以及更加高效。特别是，由于通信网络的更新，配合新的高速道路系统（高速铁路、高速公

234

路、密集的航线）和交通工具，工业社会造成的节点臃肿，会因为高速道路而化解，至少缓解。现代高速物流极大改变了社会物资和财富分布情况，正向着去中心化、相对均匀配备资源方向发展。有趣的一点是，在网络社会，物流方向与人流方向可能是相反的，因为制造中心与居住中心可能不再地理重合。工业社会最令人头痛的人口集聚问题，以及相伴而生的城市道路拥堵、居住环境逼仄、空气质量低下、能源供应紧张等一系列问题，会随着物流方向的改变而得到改善甚至解决。

其次，通信网络使得人们不必集聚在大都市中就能获得高效的信息和知识传送，并且随时高效互联。由当前趋势看，传统的电话线、非 5 类线及光纤传输网络信号的方式，即将为 5G 标准的无线通信所取代。在人人持有移动高性能计算和通信工具时代，人们在居所或是移动中，或是在任何地理方位、任何场合都可以轻易使用高速网络，此前工业社会里人们获取信息的多种手段归一化为无线连接。

由此可以推测，未来现代化社会将是节点缩小，尽可能恢复到传统社会时代满足人类群居所必要的规模，甚至单个的人也可以成为节点，其生存、繁衍、发展需要得到满足。与此同时，人财物的交流不受时空局限，高速无线连接和高速物流体系确保了节点的合理分布和不必要臃肿。

总之，未来社会将是空间或地理分布相对合理的社会。网络帮助我们实现未来现代化；其原理分布概念，帮助我们理解未来社会。

第七节　未来社会治理

信息社会运行与治理是当前热点话题之一。

今天，人们在社会管理中遇到的与网络有关的问题，都或多或少与这样一个问题有关：我们以前所熟悉的社会管理模式和方法，建立在适应传统技术条件的金字塔式信息传播的不对称方式架构上，然而现在已经到了网络化的信息传播扁平化时代。经过十多年高速度的网络化进程，现在不需要讨论这个网络已经很过时了，我们需要的是考虑怎样面对网络化成为新的基础设施后所带来的新情况。

网络社会的基本意义

人类文明从来都是依靠某种技术架构体系的，现在我们进入了网络时代，它在先前的农业、工业社会运行和科学研究基础设施之上，建构了大数据、超级计算和网络连接特别是移动互联新的技术架构。

首先，互联网的"初心"，就是互联互通。网络设计基本目标是防止核打击摧毁通信（指挥）中枢从而造成全面的通信瘫痪，即使大面积网络被摧毁，残余部分仍然可以正常通信联络。技术原理上，互联网基础设置是无中心体系，采取一种叫作"分布式通信"的方式，网上每一个节点都具有从全网接受以及向全网发送信息的能力，因而具有极强生存能力。现在这样的网络已经覆盖全球，有多达数十亿个连接节点。这些节点，可能是一台超级计算机，一台桌面电脑，一台笔记本电脑，也可能是一只智能手机。所有这些计算机器联在网上，都同时具有接收信息和发送信息的功能。这是网络的基本现实，也是我们说网络带来扁平化的由来。

目前我国的基本现实是，已经有了至少 7 亿个移动通信节点，此外还有数以亿计的固定终端。数目还在快速增加。这样的网络已经带来巨大变化。它通过各种门户网、社交软件、公众号推送等方式，造成信息快速流动，在极大尺度上实现了网络的最初目标：信息传递。

其次，这样的网络渗透到原有的社会基础设施中，利用高性能移动终端、超级计算机和大数据使得原有的社会生产系统、运行和管理系统发生根本变化，一方面提高了自动化和智能化水平，提升了生产效率和产品丰富程度，同时极大改变了社会生活方式特别是消费方式；另一方面提高了、丰富了社会管理手段特别是监管手段。

以上两个方面的影响表明，我们的社会已经不可能离开网络，它已经深深渗透到我们的生活和生产，以及社会生活的各个方面和各种细节中，使用网络、利用网络获取信息和从事各种工作与生产活动，已经成为我们生活的一部分。网络已经成为现代国家的基础设施，与供水供气供电一样重要。能不能以及如何使用网络，甚至已经成为新的现代化标准。

然而，我们对网络的认识还不能仅限于上述两方面，我们还应该有一些前瞻性的眼光。近期的一些技术进展和社会实践表明，超算和大数据结合高速网络制成的人工智能设备，显现出某种指引未来的特质：智能系统将会具有一定的创造性，它将生产新知识、制造新产品；人与机器的平行化体系将在未来主导社会生产和社会治理。

网络社会治理

我们讨论一下网络为社会治理带来的变化，变化的参照是此前时代的治理方式。社会治理与信息技术是分不开的。古时国家意志靠"圣旨"点对点的方式层层传递，在街头张贴官府告示，意识形态和传统知识则靠民间刻书以及学堂书院口耳相传。古代的信息和管理采取金字塔式，限于技术条件，也只能采取层层传递方式。近代纸媒和电子传媒出现后，情况发生了有利于信息源头（供给侧）的变化，指令从社会管理的顶端和信息源头以点对多的方式单向传输，某种程度上强化了金字塔结构。金字塔式管理模式，在指令由上向下逐级传递过程中，很容易造成失真甚至逐级失真，这是千百年来社会治理中的顽疾。

网络的出现引起巨大改变，它瓦解了工业化时代以来建立起的以电子传媒为技术架构的金字塔式传播体系，转化为扁平的传播方式。网络设计中所有节点平等的原理在现实中得到很大程度的实现。这样带来的最具有挑战性的问题就是，现行的社会管理的金字塔模式，不得不面对扁平化的信息传播系统。我们已经见到太多的实例，一则消息一瞬间就传遍了网络，但金字塔式的层层传达还在路上。

网络发展到今天，它的能力早已远远超出信息传递本身。现在的新情况是，工业先进国家和信息技术先进国家已经开始把互联网与传统社会机构、组织以及基础设施和产业部门相结合相融合，实现国家部门、社会架构和产业部门的更新升级，当然社会管理也同时需要更新升级。这就是我国部署"互联网＋"与创新驱动战略正在做的事情。我国非常重视这一工作，已经做出大量制度设计和政策安排。目前已经看到我国的网络对社会生活、生产、学习方式带来很大变化，例如我国一些先进军事装备、智能机床设备、大型科学研究设施、高速交通设施等无不充分利用网络技术，普通人的网购、网上学习、网络社区活动等，已经处于世界领先水平。可以预计，大约到 2025 年我们将要初步完成这一结合与融合工作，到那时，我们将成为位于国际第一方阵的工业和网络强国。

此外，我们还要前瞻。网络作为一种新基础设施，它对未来社会产生什么影响。种种迹象表明，超级计算机、大数据、高速网络和人工智能技术将会在很大程度上替代今天必须有人来完成的工作，这些引领未来的 IT 技术将会创造出许多新的知识、技能和智慧，前景不可限量。

网络社会的要求

习近平总书记指出，各级领导干部特别是高级干部，如果不懂互联网、不善于运用互联网，就无法有效开展工作。各级领导干部要学网、懂网、用网，积极谋划、推动、引导互联网发展。

首先，我们需要懂得、理解网络，理解这个一切都转化成计算的时代，理解在网络时代的社会运行机制规律，学会使用网络技术和手段进行社会管理。实际上，我国的网络科学技术与它的应用发展的这么快这么好，是与过去十几年党和政府以及各级领导干部的积极努力分不开的，是一项了不起的成就。网络以及环绕着它的各类科学技术发展异常快速，我们首先需要坚持不懈地推动它的发展。

我们要认识到，网络化导致社会的扁平化是大趋势，这是网络的基本原理和基础设计决定的，社会管理制度、措施和手段要跟上这种变化。不懂得这些就不能算是真正懂得了网络。在这里，这样的网络化意味着信息流动原则上是不可阻挡的，最近几年的社会实践一再证明了这一点。网络化社会中由于信息获取和占有差异而导致的社会层级减少了，网络的平面互联方式有利于纠正信息传播过程中造成的失真。

社会运行变得相对简单了，但信息流动却是多方向的，网络无孔不入的传播能力导致的信息流四通八达。我们都知道大禹治水的故事，网络中的信息流，正常疏导是必要的，而刻意阻止实际上是不可能完成的任务。民意的收集、政府与社会团体意愿的表达、决策的发布，都要主动适应积极利用网络的这种传播特性，而不是与之相违背。

其次，网络代表着新生产力。随着网络与既有的社会部门和产业快速地融合，一些旧的社会结构和产业会消失或萎缩，或者改换其生存与运作方式；另一些新的部门与产业正在生长、兴起。生产结构生产部门的变化，反映的是生产力和生产关系中有关要素的消长变化。网络融入生产部门后，互联互通新要素以及网络创新改造了传统生产部门，孕育刺激了新生产力，进而改变了生产关系。马克思主义基本原理告诉我们，生产力是决定性的，生产关系与社会上层建筑必须与生产力相适应而不是相抵触相违背。理解网络社会和网络时代，懂得它的巨大应用价值、它的先进生产力意义，积极主动运用这一科技手段，才能真正做社会发展进步的推动者、促进者。

余 论

呼唤一种"互动哲学"

　　至此，笔者以为，本书基本上完成了这些任务：

　　第一，改造并且重新界定世界 3 概念，确认计算机程序属于世界 3 成员，引入时序相关和时序无关概念，从而使得世界 3 与世界 1 可以直接相互作用，改变了波普尔的三个世界相互作用关系。这一变化，一方面使得知识与机器的互动成为可能；另一方面使得原先静态的三个世界关系转变成环形动态互动关系，获得了更加广泛的解释力，并很好地适应了信息时代的新形势。

　　第二，秉持世界 1 与世界 3 相互作用关系，对图灵机模型本质提出新的解释：它并不是（最简）思维模型，而是知识与机器的互动模型。这一结论看似意料之外、甚至离经叛道，实则情理之中。

　　第三，有了对世界 3 的新认识，有了知识—机器互动思想，考虑到在信息时代和信息社会中，无所不在的计算和智能设备、通信网络构成社会的基础设施，也是人人须臾不可离开的移动和手持工具，这样的社会可还原到的基础模型就是图灵机，我们认为，信息时代和信息社会的本质就是知识与机器的互动。

第四，所有这些努力，其最具有哲学意味、可能也具有科学意义的是：知识，替代人，参与到与机器的互动，使得知识—机器互动关系取代了传统的人—机互动关系。因为人的参与总是带有挥之不去的主观和主体介入，令人—机关系长期以来十分棘手。现在，知识与机器都是客观的，而知识可以替代人直接与机器互动，于是人—机关系转换为知识—机器互动关系，主观介入的关系完全转换为客观的互动关系，这对于科学观察和研究其意义不言而喻。

达成这些目标，使我们看到了哲学基础概念变化所带来的影响力，也看到哲学理论的解释力。也许，这样的哲学理论，我们可以称之为"互动哲学"。它同时具有科学和哲学概念基础，运用推理和类比手段，能作出令人信服的新解释。我们猜想，人们是期待哲学理论具有这样的能力与功效的。互动哲学，正十分可能是具备这样的影响力和解释力的。

笔者希望，这本小册子只是这样的哲学探索尝试的开始，这就是，呼唤一种互动哲学。

《学习时报》记者访谈录

用知识与机器互动来理解信息时代①
——访中央党校哲学部王克迪教授

王克迪，中央党校哲学部现代科学技术与科技哲学教研室主任，教授，博士生导师。从事科学思想史、科学技术与社会领域的教学和研究，长期关注信息哲学问题。

问：现在已经进入信息化时代，哲学研究怎样看待信息化问题？

答：哲学研究应该回应时代提出的问题，给出时代所需要的解释。国内外哲学界基本上都认同人类进入信息时代这个说法，努力

---

① 原载于《学习时报》2013 年 1 月 4 日。

作出自己的解答。我尽可能在这次访谈中展开我对信息问题的个人见解。

近几十年兴起了一门新兴哲学分支，叫信息哲学。它的研究对象，我们可以简单地称作"赛博空间"，即计算机和网络所构成的社会织体，以及其中所发生的各式各样缤纷复杂的现象。早在20世纪30年代起，英国计算机科学家和哲学家图灵就已经开始考虑这方面的问题，他提出的图灵计算和图灵机构想，到今天仍是研究信息化问题的基础。此外，英国哲学家波普尔提出的"三个世界"理论，也可以用来解释我们今天的信息化。

问：您的意思是，这两种理论可以综合在一起解释"赛博空间"问题？

答：是的，我试图把这两者结合起来用以解释"赛博空间"现象。

问：请您详细说明一下。

答：好的。首先看三个世界理论。波普尔认为，对世界可以有多种理解，比如，划分为三个世界：世界1，物理和物理运动的世界，也就是我们感知到的外部世界；世界2，人的精神活动的世界，包括我们的意志、意向、情感和情绪，也就是一般所说的人的主观世界。

问：那一定还有个世界3？

答：是的，世界3是波普尔提出来的。他认为，有个世界3存在着，那就是，人的精神活动的产品所组成的世界，比如一部戏剧，一部小说，一首乐曲，一幅画作，一个科学理论，一部学术著作，等等。这些东西是人脑创造出来的，但是又不同于一般的外部的物理世界，也不同于人的主观的精神世界。然而，它们一旦被创造出来了，却又是客观的，不再随它的创造者——人的意志和人的存在与否而变化，因而是单独的一类存在物。他把它们称作世界 3。

问：我们一般都是用一元唯物论来解释世界，精神活动被认为是物质的基本属性，现在世界变成三元的了，世界 3 独立出来有什么意义？

答：物质第一性完全正确，多元世界都是从物质本源派生出来的，这个哲学见解有很好的事实支撑，现代科学完全证实这一点。然而为了解释世界上众说纷纭现象，仅仅简单地说物质第一性不能对复杂多变的现象作出充分的说明。多元论不失为一种有用、有效的选择，更不会排斥一元唯物论。毕竟，哲学是为了解释世界，它必须寻求有效的、有说服力的解释。波普尔最初提出世界 3 概念，主要是他想解释为什么科学知识会日积月累不断增长。他认为，每个人都在前人的知识的基础上学习，产生新的知识。前人的知识必须是客观的，后人才有可能获得学习内容，而后人通过学习产生出新的思想，又添加到前人的知识堆积之上，也就是客观化了。这些客观化的知识的堆积，他叫作世界 3。波普尔的意思是，人类知识就是一代又一代人不断又学习又创造，逐渐累积越来越多。也就是说，世界 3 越来越大。

问：这样解释知识的增长好像有说服力。

答：是的，世界 3 是人脑的创造物，人的精神活动的产品，波普尔敏锐地发现了它与一般的人造物的差别，比如一台机器，一座房舍。他很好地区分了知识与机器，知识以某种编码形式表达，比如语言或者某种密码，而机器是物化了的人工自然。二者分属世界 3 和世界 1。波普尔很坚定地认为，三个世界中，世界 2 与世界 1 可以相互作用，世界 3 也可以与世界 2 相互作用，但是世界 1 与世界 3 不可以相互作用，也就是说，知识与客观实在连同与机器不可能相互作用。

问：那么这样的世界 3 怎么解释信息化，解释赛博空间呢？

答：波普尔的世界 3 还不能用来直接解释赛博空间问题，他对三个世界的关系的结论也不能令人满意，但是他提供了很好的思路，就是把知识从人的精神活动中独立出来。波普尔对 20 世纪下半叶兴盛起来的电子计算机和网络不是很熟悉，他没有想到过他的三个世界理论可以用来解释信息化问题。我们需要做的是，为了解释信息问题，需要适当改造一下三个世界理论。

问：怎样改造三个世界理论？

答：让我们稍微谈得远一点。信息时代之所以有别于以前的时代，是因为有电子计算机的出现，计算机的广泛应用改变一切，标志了一个全新的信息时代。这是人所共知的。那么，我们希望对这个时代作出一点哲学的讨论，需要采用一个适当的哲学理论。我觉得，三个世界理论可用，但需要改造。技术进步和信息化改变了世界，也给三个世界的划分带来一点变化。改造这个理论，其实只需要改造关键的世界 3 概念，准确地说是适当扩展世界 3。波普尔没有充分意识到，信息化时代有一种全新的人的精神活动的产品出现——计算机程序。

问：我们是不是可以说，计算机程序属于世界 3？

答：完全正确，它属于世界 3。程序具备世界 3 的所有要求，它是人脑的产物，是人的精神活动的产品，是可以客观化的知识，它还是采用某种编码表达的知识。因此很合理，程序是世界 3 的成员。所谓改造世界 3，就是要把程序添加进世界 3 中去。然而它与以前的世界 3 成员不完全一样，有新的特质。

问：作为程序的世界 3 有什么新的特质？

答：这里需要用到一对概念，"时序无关"和"时序相关"，它们是用来描述世界 3 的特征的，当然不是世界 3 的全部特征，只是其中之一，对我们的讨论十分重要。时序无关是说，某一类世界 3 成员，某些知识，它的内容与时间顺序没有直接关联。这些知识，就是说的波普尔以前讨论过的那些人类知识，小说、剧作、绘画甚至科学理论等。而时序相关，指的就是一类特别的知识，它的内容对时间顺序是高度敏感的，像计算机程序。这是计算机出现以后才创造出来的一类全新的知识形态。波普尔限于他所处的时代，没能及时准确地把握世界 3 成员的变化，没能在他的三个世界理论中添加进计算机程序这个新成员。熟悉计算机的运行原理就会明白，计算机本质上就是严格按照时间序列运行的机器，计算机的强大运算能力，完全是建立在执行带有大量时间序列指令的程序基础之上的。

问：是的，没有程序的计算机什么事情也不能做。那么程序这样的世界 3 新成员有什么意义？

答：程序的加入，最重大的意义在于，它改变了波普尔以前说过的世界 1 与世界 3 不能直接相互作用的定论。引入时序无关与时序相关这对概念，就很容易理解，为什么波普尔意义上的知识与那时的机器不可能发生相互作用，而到了今天，却一定要改变那样的相互关系。如果不考虑计算机和计算机程序，波普尔并没有说错，但是，计算机出现了，相应的计算程序出现了，事情就发生了改变。实际上，到了信息时代，世界 3 与世界 1 是可以直接相互作用的，前提是，出现一类严格按照时间序列运行的机器，我们可以称之为信息时代的人工自然，一类全新的世界1；同时出现一类严格规定时间序列的知识，也就是程序，或者说全新的人类知识，全新的世界3。

谈到这里我们就会发现，按照我们改进了的三个世界理论，在三个世界中，任何两个都是可以直接相互作用的。其中最重要、最富于时代特征的一对互动是，世界3与世界1可以直接相互作用。也就是说，知识与机器可以直接相互作用。

问：这就是您对信息化问题的哲学解释吗？

答：是的，这是我的个人认知。希望这个认知学界同仁也能够接受。根据这样的认知，所谓信息化，所谓赛博空间中所发生的各种现象，本质上就是人类知识与机器的互动，包括互动本身与互动带来的结果。

当然，仅仅作出这点解释还是不够的。一个理论不但要解释现象，还要能提供一个讨论的平台，进一步解释更多的现象，解决更多的问题。

问：这样的互动理论还能解释什么？和信息化相关吗？

答：与信息化非常相关。这个理论可能涉及很广泛的领域。我们举一个例子，这一新的理论可以对人工智能问题给出新的理解。

问：愿闻其详。对了，您还没有提到一开始说的图灵机。

答：正好要说到这里了。图灵机是一个理论模型。图灵设想，一个无限长的带子上记录着0和1这样的信息，通过一个读写头可以对带子上的信息进行读出、写入和擦除处理。这个模型大致上有点像我们熟悉的卡带式录音机。那个机器是怎么工作的呢？有一个磁头，紧贴在磁头上是一个被拉动着的磁带。磁带上可以记录信息，当磁带划过磁头的时候，磁头读出、写入或者擦除信息。图灵试图证明，这样的机器是智能的，也即是说，只要在磁带写入适当的程序，机器系统就能模拟出人的智慧。换句话说，图灵认为，人类智慧可以还原到图灵机那样简单的模型上。

图灵机实际上就是全部计算机和信息化的微观基础，也是有关哲学研究的理论基础。从 20 世纪 30 年代图灵提出这个模型以来，无数的计算机学家、人工智能学家和哲学家对这一模型进行了无数的讨论，图灵的原始论文是 20 世纪中被引用次数最多的哲学论文。人们一直能够从那篇论文中发现新的灵感，所有的研究旨趣都指向一个问题：人工智能。

问：前些年对人工智能的争论很激烈，近几年好像平静了一些。

答：是的。过去近 80 年来，围绕着人工智能的争论经久不息。大致上是两大阵营，一派反对人工智能，认为不可能实现，至少像图灵机那样的机器系统不可能实现；另一派支持人工智能，认为适当设计机器系统，使之运算能力足够强大，就可能模拟出与人类一样的智能。人工智能派又分两类，一类称作强人工智能派，认为机器系统就是可以实现人工智能；另一类有些保留，称作弱人工智能，主张机器系统可以有条件地对人类的智慧提供辅助，或者部分地模拟人类智慧。所有这些派别，在各种场合对各类问题进行讨论的时候，争论的共同点在于，都以图灵机作为基础。

图灵机是个非常有意思的模型，它看上去十分简单。仔细考虑这个问题会觉得非常讶异，图灵试图把人类思维或者说智慧活动还原到不可能更简单的层面。然而，历史发展很吊诡的一点是，20 世纪 40 年代，冯·诺依曼对图灵机做了一些改进，就设计出真正能够运行的计算机，就是我们熟知的第一代通用电子数字计算机。正是这样的计算机开启了信息化时代纪元。与此同时，对人工智能的探索和讨论，没有比图灵时代走得太远，却已经耗尽了几十年里几乎最博学最聪明的人们的全部精力和智力。

问：那么，改进后的三个世界理论对于人工智能问题有什么见解？

答：考虑我们前面讨论的世界 3 与世界 1 的互动，我们会发现，原始图灵机模型里面发生的，如果说是人类智能的微观层面现象，可能还有待科学上的进一步验证；但是，如果说是在那里发生了知识与机器的互动，简直就是天衣无缝，再贴切不过。是的，图灵机，本质上就是一个机器与知识的互动模型，而不一定是一个人类智能模型。当我们为了适应信息化时代的需求，改造波普尔的世界 3，从而实现对赛博空间的各类现象的解释，再进一步回溯过去，发现原来图灵早已为我们这个时代准备好了一个理论模型。他本应告诉我们，知识与机器是这样进行互动的，但是很遗憾，他以为他找到了人类思维的基本模型。

问：按照这个互动理论，我们应该怎样看待人工智能呢？

答：从这个改进了的三个世界理论出发，在知识与机器互动的水平上看，人工智能并非不可能，但迄今为止的人工智能讨论，可能并未触及人工智能的真正核心，我们甚至可以说，人们长期以来误读了图灵模型，包括图灵本人。在我们看来，图灵机并不是真正意义上的智能机，它只是一种互动机，它在最微观层面上演示了知识与机器的互动。这种互动本质上还不具备智能，也许，仅仅是也许，适当写作的程序能够使得机器系统表现出类似智能那样的东西。其实，那就是我们每个人每天都面对着的电子计算机和网络中发生的一切。

问：那么，根据这样的理解，是不是就要否定人工智能研究了？

答：不是，不是否定人工智能。这个解释指出，以前的人工智能研究可能没有找准讨论的基础，我们可能还需要对人类的智能做更加确切的还原，还原到图灵机水平是不准确的，它可能太过于简化了。

从另一方面看，这个三个世界理论，对人工智能研究是有积极意义的。它指出，如果利用知识与机器互动关系来把握智能问题，就能够很成功地把人这个精神活动的主体从人机关系中解放出来，代之以知识。也就是说，在涉及智能的问题上，人由人的精神活动的产品，而不是人本身，参与到与机器的互动之中，这使得研究智能问题时挥之不去的人的精神主体介入问题得到很好解决。知识替代人本身参与机器的互动，而知识具有客观属性，加上机器本身也是客观的，人就可以解脱出来，成为研究智能问题的真正的观察者，甚至是操纵者。目前三个世界理论还不能直接回答应该怎样进行更好的人工智能研究，但是它提出知识取代人而与机器互动，应该说是展开了一条新的思路。历史上，科学和技术之所以能够长足发展，把人解脱出来成为积极的观察者，是一个关键因素。

问：意料之外情理之中，本来是要解释赛博空间的，却对人工智能问题投射出新的见解。可不可以对您上面谈的做一点总结？

答：好的。回应时代变化提出的问题，是哲学的责任。哲学基本任务是对现象进行解释，但有时也可以通过概念分析而深入到现象和事物内部，得出一些全新的理解，甚至对具体科学研究提供新的思路。从方法上看，基本思路十分简单，就是改造一个现成理论的核心概念，使理论获得新的解释能力，能够解释时代展示给我们的全新现象。这样的解释，有可能会超出哲学本身。当然，这一切成为可能，前提是时代产生新的需要，又有丰富的科学实践作为基础。

《学习时报》记者：戴菁

参考文献

1. John Arquilla, David Ronfeldt, *The Emergence of Noopolitik: Toward an American Information Strategy*, RAND Corp., http://www.rand.org.

2. Julie van Camp, "How Ontology Saved Free Speech in Cyberspace", 第 20 届世界哲学大会论文, 1998 年, http://www.bu.edu/wcp/。

3. Andrzej Chmielecki, "What is Information?", 第 20 届世界哲学大会论文, 1998 年, http://www.bu.edu/wcp。

4. James A. Dewar, "The Information Age and the Printing Press: Looking Backward and to See Ahead", http://www.rand.org/.

5. Encyclopedia Britannica CD 2000.

6. W.H.Newton-Smith, Jiang Tianji（ed.）, *Popper in China*, Routledge, London and New York, 1992.

7. Anthony O'Hear（ed.）, *Karl Popper: Philosophy and Problems*, Supplement to "Philosophy", Royal Institute of Philosophy Supplement:39, Cambridge University Press, 1995.

8. Karl Popper, "How I See philosophy", in *Search of a Better World, Lectures*

and Essays from Thirty Years, ed. by Karl Popper, translated by Laura J. Bennett, with additional material by Melitta Mew, translation Revised by Sir Karl Popper and Melitta Mew, Routledge, 1992,pp.173–187.

9. Karl Popper, *Knowledge and the Body-Mind Problem: In Defence of Interaction*, ed. by M. A. Notturno, Routledge, London and New York, 1994.

10. Karl Popper, "Knowledge and the Shaping of Reality", in *Search of a Better World, Lectures and Essays from Thirty Years*, ed. by Karl Popper, translated by Laura J. Bennett, with additional material by Melitta Mew, translation revised by Sir Karl Popper and Melitta Mew, Routledge, 1992, pp.3–29.

11. Karl Popper, "Notes of a Realist on the Body-Mind Problem", in *All Life is Problem Solving*, ed. by Karl Popper, translated by Patrick Camiller, Routledge, London, New York, 1999.

12. Karl Popper, *Objective Knowledge: An Evolutionary Approach*, Oxford University Press, first published 1972, reprinted 1983.

13. Karl Popper, *The Open Universe: An Argument for Indeterminism*, Rowman and Littlefield, first publish 1956, reprinted 1982.

14. Karl Popper, "Three Worlds", in *The Tanner Lectures on Human Values*, ed. by Sterling M. McMurrin, University of Utah Press, Salt Lake City, 1980, pp.141–167.

15. Karl Popper, "The Worlds 1, 2 and 3", in *The Self and its Brain*, Karl Popper and John C. Eccles（eds.）, Springer International, 1977，pp.36–50.

16. Karl Popper, *Unended Quest, An Intellectual Autobiography*, Routledge, London, Reprinted 1993.

17. P. Schilpp（ed.）, *The Philosophy of Karl Popper*, Vol. 2, La Salle, Illinois: Open Court, 1974.

18. Bruce Sterling, "Short History of the Internet", in *The Magazine of Fantasy and Science Fiction*, Feb., 1993.

19. Jörg Wurzer, "The Win of the Sign Over the Signed: Philosophy for a Society in

this Day and Age of Virtual Reality",第 20 届世界哲学大会论文,1998 年,http://www.bu.edu/wcp/。

20. *Information Technology Frontiers for a New Millennium*, A report by the Subcommittee on Computing, Information,and Communication R&D, Committee on Technology, National Science and Technology Council, April, 1999.

21.［美］A. 奥希厄:《波普尔的柏拉图主义》,邱仁宗译,载中国社会科学院哲学所自然辩证法室情报所第三室:《第十六届世界哲学会议文集》,中国社会科学出版社 1984 年版。

22.［英］卡尔·波普尔:《猜想与反驳——科学知识的增长》,傅季重等译,上海译文出版社 1986 年版。(原书名 *Conjectures and Refutations: The Growth of Scientific Knowledge*, Harper & Row, Publishers, New York and Evanston, 1968,该书第一版出版于 1962 年,1965 年出版第二版)

23.［英］卡尔·波普尔:《客观知识——一个进化论的研究》,舒炜光等译,上海译文出版社 1987 年版。

24.［英］卡尔·波普尔:《三个世界》,纪树立译,《科学与哲学》1982 年第 3 期。

25.［英］卡尔·波普尔:《世界 1、2、3》,邱仁宗译,《自然科学哲学问题》1980 年第 1 期。

26.［英］卡尔·波普尔:《我的哲学观》,张金言译,《哲学译丛》1988 年第 4 期。

27.［英］卡尔·波普尔:《无穷的探索——思想自传》,邱仁宗等译,福建人民出版社 1984 年版。

28.［英］卡尔·波普尔:《自然选择和精神的出现》,张乃烈译,《自然科学哲学问题》1980 年第 1 期。

29.《辞源》。

30. 陈幼松:《大众高科技》,中共中央党校出版社 1996 年版。

31. 陈忠:《信息究竟是什么?》,《哲学研究》1984 年第 11 期。

32.成中英编：《本体与诠释》，生活·读书·新知三联书店 2000 年版。

33.[英] 保罗·戴维斯：《上帝与新物理学》，徐培译，湖南科技出版社 1992 年版。

34.[英] 德博诺编：《发明的故事》下册，蒋太培译，生活·读书·新知三联书店 1986 年版。

35.[美] 休伯特·德雷福斯：《人工智能的极限——计算机不能做什么》，宁春岩译，生活·读书·新知三联书店 1986 年版。

36.邓宁、麦特卡夫编：《超越计算——未来五十年的电脑》，冯艺东译，河北大学出版社 1998 年版。

37.[日] 渡边慧：《人工智能的可能性和界限》，乔彬译，《外国自然科学哲学摘译》1974 年第 2 期。

38.[美] 詹姆斯·格莱克：《混沌：开创新科学》，张淑誉译，上海译文出版社 1990 年版。

39.郭良：《网络创世纪》，中国人民大学出版社 1998 年版。

40.[荷] H. A. G. 哈泽：《电子元件 50 年》，顾路祥等译，科学技术文献出版社 1980 年版。

41.洪加威：《人脑和智能计算机》，《哲学研究》1985 年第 11 期。

42.黄顺基、刘大椿、李辉：《哲学基本问题和波普尔的"三个世界"》，《哲学研究》1981 年第 11 期。

43.[美] 约翰·霍根：《科学的终结》，孙雍君等译，远方出版社 1997 年版。

44.江天冀：《当代西方科学哲学》，中国社会科学出版社 1984 年版。

45.[美] 约翰·卡斯蒂：《虚实世界——计算机仿真如何改变科学的疆域》，王千祥、权利宁译，上海科技教育出版社 1998 年版。

46.[德] 康德：《实践理性批判》，韩水法译，商务印书馆 1999 年版。

47.李伯聪：《技术哲学和工程哲学点评》，《自然辩证法通讯》2000 年第 1 期。

48.[美] 罗林斯：《机器的奴隶——计算机技术质疑》，刘玲等译，河北大学出版社 1998 年版。

49. [美] 西奥多·罗斯扎克:《信息崇拜——计算机神话与真正的思维艺术》,苗华健等译,中国对外翻译出版公司 1994 年版。

50. 吕武平等:《深蓝终结者》,天津人民出版社 1997 年版。

51. [美] N. 尼葛洛庞帝:《数字化生存》,胡泳等译,海南出版社 1997 年版。

52. [美] L. R. 帕尔默:《语言学概论》,李荣等译,商务印书馆 1983 年版。

53. 庞元正等编:《系统论、控制论、信息论经典文献选编》,求实出版社 1989 年版。

54. 任鹰:《论哲学基本问题和波普尔的"三个世界"——与黄顺基等同志商榷》,《哲学研究》1983 年第 3 期。

55. 孙慕天:《论世界 4》,《自然辩证法通讯》2000 年第 2 期。

56. 孙小礼、楼格主编:《人·自然·社会》,北京大学出版社 1988 年版。

57. 孙小礼、刘华杰:《计算机信息网络给我们带来什么?》,《北京大学学报》(哲学社会科学版) 1997 年第 5 期。

58. [美] 唐·泰普斯科特:《数字化成长——网络世代的崛起》,陈晓开等译,东北财经大学出版社、McGraw-Hill 出版公司 1999 年版。

59. 王雨田主编:《控制论、信息论、系统科学与哲学》,中国人民大学出版社 1986 年版。

60. 王晓林:《证伪之维——重读波普尔》,四川人民出版社 1998 年版。

61. [美] N. 维纳:《控制论》,郝季仁译,科学出版社 1985 年版。

62. [美] N. 维纳:《人有人的用处——控制论和社会》,陈步译,商务印书馆 1989 年版。

63. [美] 凯文·渥维克:《机器的征程》,李碧等译,内蒙古人民出版社 1998 年版。

64. 夏基松:《波普尔哲学评述》,黑龙江人民出版社 1982 年版。

65. [美] H. 伊夫斯:《数学史上的里程碑》,欧阳绛等译,北京科学技术出版社 1990 年版。

66. 钟学富:《信息概念的哲学分析——兼与陈忠同志商榷》,《哲学研究》

1985 年第 5 期。

66. 赵敦华:《卡尔·波普》,远流出版公司 1991 年版。

68. 张卓民:《波普的"世界 1·2·3"理论评介》,《哲学研究》1981 年第 2 期。

69. 周继明:《尼采》,载《西方著名哲学家评传》第七卷,山东人民出版社 1985 年版。

70. 朱浤源:《开放社会的先驱卡尔巴伯》,允晨文化实业股份有限公司 1982 年版。

71. 王克迪:《相互作用初探——知识与机器的互动机制》,《哲学与社会》第 2 辑,贾高建主编,中国时代经济出版社 2010 年版。

72. 王克迪:《编码与世界 3 的地位》,《哲学与社会》第 4 辑,贾高建主编,中国时代经济出版社 2011 年版。

73. 王克迪:《赛伯空间之哲学研究》,当代世界出版社 2001 年版。

74. 王克迪、傅小兰等:《关于知识——机器互动机制的可能性的探讨》,《自然辩证法研究》2003 年第 6 期。

75. 王克迪:《论 e 化劳动 . 现代科学的哲学争论》,孙小礼主编,北京大学出版社 2003 年版。

76. 王克迪:《信息科学技术与科学和教育的新面貌》,孙小礼、冯国瑞主编,载教育部高等教育司组编:《信息科学技术与当代社会》,高等教育出版社 2000 年版。

77. 王克迪:《什么是虚拟现实? 应如何看待虚拟现实?》,载中共中央党校哲学教研部编:《哲学热点问题释疑》,中国城市出版社 2002 年版。

78. 王克迪:《信息技术与社会》,载虞云耀、杨春贵主编:《中共中央党校讲稿选——关于当代世界重大问题》,中共中央党校出版社 2002 年版。

79. 王克迪:《e 化劳动将会给我们带来什么?》,《科学时报》2002 年第 9 期。

80. 王克迪、刘晓君:《信息化浪潮中的美国》,《自然辩证法研究》2000 年第 5 期。

81. 王克迪主编:《新世纪干部电脑实用读本》,中共中央党校出版社 1999

年版。

82. ［美］彼得·韦纳:《共创未来——打造自由软件的神话》，王克迪、黄斌译，上海科技教育出版社 2002 年版。

83. ［美］摩尔:《皇帝的虚衣——因特网文化实情》，王克迪、冯鹏志译，河北大学出版社 1998 年版。

后　记

这本书从有了初步想法到今天已经踌躇酝酿超过 20 年，期间所发生与本书有关的事情：

2000 年，笔者完成博士学位论文《信息化视野中的“三个世界”理论》，那篇论文主旨在于修订世界 3 概念，使之能够适应解释赛博空间之需要。

2001 年，博士学位论文由当代世界出版社出版，书名《赛博空间之哲学研究》。

2004 年，笔者以这一工作为基础，申请到国家社科基金项目《知识—机器互动之理论与实践》。当时设定目标是两个：分析知识与机器相互作用的机制，以及建立一个理论分析平台，形成适用于讨论人工智能、网络社会的通用工具。这个项目拖延了较长时间才完成，但是没有能够完成全部既定目标。这一项目取得的最大进展，是确定图灵机并非思维机器，而只是知识与机器的互动原型机。

在完成社科基金项目过程中逐渐产生了一个大胆想法：似乎一种新的哲学是可能的，我把它叫作互动哲学。这一想法没有写进项目成果，但成了最近几年不断思考的内容。本书并没有正式讨论互动哲学，笔者将在未来不断思考。

应该承认，最近一些年，有关这一研究没有原则性新进展，笔者一直在运用有关原理、机制和理论解释信息社会的种种表象，也尝试解释未来社会。既意外又惊喜的是，20世纪90年代末提出的基本思想，经过20年时间，并没有过时，相反它越来越适应信息社会：在历经虚拟现实、大数据、云计算、人工智能、深度学习、区块链等纷繁飞扬的花样喧哗之后，知识—机器互动模型稳固把握着时代脉搏，有效地解释所有这一切的本质意义。

这是哲学概念和理论的力量，也是它们的本分。

最后，笔者要向许多前辈和朋友及同学们表达谢意：他们的鼓励、点评和批评帮助笔者认识到这项工作价值和努力方向，以及尚存在的许多错误、不足和需要改进之处。限于理解力和水平，笔者可能没有完全领会他们的善意和耐心指正，于是这本书可能还存在许多不足与错误。

王克迪

2020年6月

责任编辑：曹　春
封面设计：汪　莹

图书在版编目（CIP）数据

知识—机器互动：在世界3与世界1之间／王克迪 著 . —北京：
人民出版社，2020.11
ISBN 978 - 7 - 01 - 022208 - 0

I.①知…　II.①王…　III.①人－机系统　IV.① TP11

中国版本图书馆 CIP 数据核字（2020）第 098857 号

知识—机器互动
ZHISHI JIQI HUDONG
——在世界3与世界1之间

王克迪　著

人民出版社 出版发行
（100706　北京市东城区隆福寺街 99 号）

北京盛通印刷股份有限公司印刷　新华书店经销

2020 年 11 月第 1 版　2020 年 11 月北京第 1 次印刷
开本：710 毫米 ×1000 毫米 1/16　印张：16.75
字数：196 千字

ISBN 978 - 7 - 01 - 022208 - 0　定价：88.00 元

邮购地址 100706　北京市东城区隆福寺街 99 号
人民东方图书销售中心　电话（010）65250042　65289539